# 不轻易拿起
# 不大意放下

BU QINGYI NAQI BU DAYI FANGXIA

寒岩◎著

民主与建设出版社
·北京·

© 民主与建设出版社，2024

**图书在版编目(CIP)数据**

不轻易拿起，不大意放下 / 寒岩著. -- 北京：民主与建设出版社，2016.8（2024.6 重印）

ISBN 978-7-5139-1250-1

Ⅰ.①不… Ⅱ.①寒… Ⅲ.①成功心理－通俗读物 Ⅳ.①B848.4-49

中国版本图书馆CIP数据核字(2016)第204407号

# 不轻易拿起，不大意放下
BUQINGYI NAQI , BUDAYI FANGXIA

| | | |
|---|---|---|
| **著　　者** | 寒 岩 | |
| **责任编辑** | 刘树民 | |
| **装帧设计** | 李俏丹 | |
| **出版发行** | 民主与建设出版社有限责任公司 | |
| **电　　话** | （010）59417747　59419778 | |
| **社　　址** | 北京市海淀区西三环中路10号望海楼E座7层 | |
| **邮　　编** | 100142 | |
| **印　　刷** | 永清县晔盛亚胶印有限公司 | |
| **版　　次** | 2016 年 11 月第 1 版 | |
| **印　　次** | 2024 年 6 月第 2 次印刷 | |
| **开　　本** | 880mm × 1230mm　1/32 | |
| **印　　张** | 8.5 | |
| **字　　数** | 180千字 | |
| **书　　号** | ISBN 978-7-5139-1250-1 | |
| **定　　价** | 58.00 元 | |

注：如有印、装质量问题，请与出版社联系。

# 目 录

C O N T E N T S

1 真正重要
的从来不
只是努力

在雨中，
我们只能
奋力奔跑

2

# 3　别忘了，你也是会发光的

# 只要有梦想，什么都能坚持

**4**

# 5

## 你的底牌，又在哪里

## 最难的路，往往是正确的路 6

# 1 真正重要的从来不只是努力

事要自己做，路也要你自己走

我始终相信，
一个人只要不停地走，
总有一天，
能到达他内心想去的地方。

# 真正重要的
# 从来不只是努力

[ 1 ]

五月，我见了一位慕名已久的老师。那天的广州，空气潮热。我走进咖啡厅，坐定，他朝我微笑。片刻的恍惚，差点让我忘了这是场约定已久、远赴而来的面试。

立于身侧的灯下，我们相视。灯光澄黄，爬过他的脸，一边明亮，一边隐匿于黑暗。他的眼神，如夜空中的星辰，静静闪烁，谈话间，又忽明忽暗。

这是一双灼人的双眼，我定定望住，认真倾听。以至于谈话内容忘掉了大半，却唯独记住了：一个人一辈子能把一件事情做好，就堪称完美。寻找你内心想要的方向，而后，才是在这条路上遵循方法，义无反顾，做到尖深。

"真正重要的从来不只是努力。"语毕，窗外骤然下起瓢泼大雨，行走的路人猝不及防地撑开店门，风铃清澈。他喝了口柠檬水，转而望向湿漉的路面。

别过之后，我忆起，曾与一位 85 后的作家交谈。她说写作许久，人生如浮萍，断断续续。那时我稚嫩地问，如何能十年如一日地坚持，她只是告诉我：一事精致，便已动人。从一而终，就是深邃。

那一刻，我怔住。末了，她说：如果你挚爱写作，就去做。我恍然大悟，重要的不是多而杂，而是有一样能拿出手。

[ 2 ]

六年前，第一次去广州，遇见了安妮。这个棕褐色短发齐耳的女生，穿随性而明丽的 T-shirt，眉眼之下的小雀斑就像一个个跳跃的精灵。那时，我被她作画的专注打动，强烈的好奇心推挤着我拥到她的身旁，我好怕打扰到这样静默的她。

"Take it easy." 她终于还是发现了我，腾出板凳的一角，让我落座。我看到她在保留漏光叶片的完整上，格外小心地把它们重新绘成奇特卡片。她用不流利的中文告诉我，"落红不是无情物"。我感慨于这精致的脆弱，仿佛是另一种生命的延续。

让我惊喜的还有，两年来她把作品放上社交网络，引来无数志同道合的朋友，目前工作室的筹备也已到落地阶段。

我想起上个月，踱步到美术馆，看一场展览。我以一份崇敬，注视展出的经书。中厅开始播放视频，我看见他们用最古老的方式，重复影印。一旁的批注，赫然印上："我从未觉得这是件无意义的事，因为它已融入我的生命，成为毕生信仰，我将从一而终。"

那是来自信奉者的自白。并不是所有人都能把理想置于生活的废墟之上，可还是有人不愿游戏人间，专于一事，带着信仰，传承下去。

## [ 3 ]

今年，在接触时间管理的过程中，我认识了柳比歇夫。这位著名的昆虫学家用一生研究蠕虫的构造，以至于世人惊叹：蠕虫那么长，人生可是那么短。

此外，他醉心独创并 56 年如一日坚持对个人时间定量管理的统计与分析，也给后世留下了无法估量的财富。

时光如白马，稍纵即逝。术业有专攻，一生做好一件事真的很重要。

这让我回忆起，数月前在书里看过的故事。Krist 是一位荷兰陶土设计师，一次偶然，她发现平日里完全忽略的泥土的本色，此后开始独立创作优质陶器，并建立一整套颜色与记录系统，那是接近 500 余种的泥土色系编号。

当我翻开扉页，无数颜色各异、深深浅浅排列的泥土标本整齐地映入眼帘，才真正明白那一句"一事精致，便已动人。"

## [ 4 ]

你为什么成不了气候？我的一位读者给我来信，说她努力了很多，又学琴又学舞，却没有进步。我想此刻在她的心中，结果已昭然若揭。

真正重要的从来不是努力做什么，而是沉下心来，去做好一件事。要知道，一个人一生的时间和精力都非常有限，专注，有时候比努力重要 100 倍。

我们总在感慨他人取得的成就、头衔、名目，而一心想要追逐，幻想着有朝一日也如他般耀眼夺目。而其实，鱼与熊掌，不可兼得。你想要的越多，会失去更多。一辈子做好一件事，就堪称完美。还有精力，再去成就其他。

因为，绝大多数的我们，都需要在漫长的默默无闻里忍受，而那些随着时间流逝获得的微小进展就是回报给你最真切的幸福。沉下来，浮起的瓜瓢舀不到水。静下来，人生的脚步才更张弛有力。

[ 5 ]

　　去做你想做的，不是这个世界要你成为的模样；去试你想试的，不是畏畏缩缩，徘徊不前。

　　人生，有些事，要一个人做，有些关，要一个人闯，有些路，只能一个人走。那么，就在你认为值得且有意义的道路上，怀着沉湎的心，前进。别觉得孤单，这世上总有千万人与你一同奔跑。

　　只是，事要自己做，关要自己闯，路也要你自己走。我始终相信，一个人只要不停地走，总有一天，能到达他内心想去的地方。沉下心来，专注当下。这之后，时间才会给你想要的答案。

# 你选择了，
# 就意味着放弃其他

　　年轻人要当"家"自立，左右摇摆是不行的。尽早选好椅子，坐定了，并深钻进去，求博求深。东抓一把谷，西抓一把米，到头来什么都零零散散。四面出击也要不得，精力消耗过大，后援跟不上，自己到时"骑虎难下"，则悔之晚矣。

　　逢年过节就能收到不少短信，吉利话里有四个字最常用，就是"心想事成"。虽说谁不知道"想要什么未必就能得到"这个道理，但并不妨碍这美好的愿望四处传送。

　　其实"心想事成"是可以做到的，你只要想要什么，一门心思去完成这个过程，一定会得到，前提是——不能急功近利，不能贪婪。为什么？因为什么都想要，欲望太杂乱，不仅会顾此失彼，也会越来越不知道轻重。

　　特别是对于年轻人来说，只有放弃什么都想要，什么都想得到的念头，并选择对你来说最重要的事情去为之奋斗，你才能取得你渴望得到的成就。

　　世界歌坛的超级巨星帕瓦罗蒂还是个二十几岁的毛头小伙子

的时候，既向往将来当教师，又迷恋当歌唱家，哪个也舍不得放弃。他的父亲并不要求他如何去选择，只是说："如果你想同时坐在两把椅子上，你可能会从椅子中间掉下去。"帕瓦罗蒂若有所悟，对自己说："生活要求你只能选一把椅子坐上去。"他选择了歌唱，一生矢志不渝，终获成功。

我们都会面临两把椅子的选择。有的人犹豫时可能会有一位"好父亲"点化，有的人则不那么走运，可能全靠自己去把握。理想的椅子，没有哪一把不好，究竟该坐哪一把，人们往往无法决断，生怕坐错了椅子，影响自己的一生。这种心情可以理解，但这种犹豫不决的做法难受欢迎。民间有一句婆姨们评价丈夫的话：不怕没本事，就怕没主意。再灵巧的猛犬也难以同时去追朝两个方向奔跑的兔子，再逞能的人也没有办法一只手同时从两口井里打水。把这话套用在人们对前途的选择上，也是再恰当不过的。想当万事通，其实万事皆一知半解。一个人一生精力毕竟有限，难以做很多事情。尤其在人才竞争的今天，没有拿手的专长是难以立足的。

人生有太多的选择了，我们每天都在作选择，无非是大小而已。不同的选择，也许就在一念之间，就改变了你一生的命运！

谁都希望作最好的选择，可惜人生没有最好的选择，只有最正确的选择。读书如此、工作如此、恋爱婚姻亦是如此！

# 有些路你非走不可，
# 即使是弯路

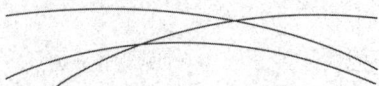

　　喜欢张爱玲的小文章《非走不可的弯路》，说的是年轻的时候，她想走一条路，母亲拦住她：那条路不好走。她不信，母亲说我就是从那条路走过来的。她说既然你都走过了，为什么我不能走？母亲说因为那是弯路。她很固执，还是走了。多年之后，看到年轻人再那样走，她也说那是一条弯路。可是年轻人也不听，还是要继续走！

　　人生在世，有些路每一个人非走不可，那就是年轻时候的弯路。不摔跟头，不碰壁，不碰个头破血流，怎能长大呢？

　　张爱玲很少写"心灵鸡汤"，可是人生就是这样，有些路，非走不可，即使别人说，前路有荆棘，或者那条路走不通，可是自己非要走一趟不可。这不就是青春吗？青春就是任性，就是自我，就是敢试，就是相信自己伸手就能碰到天！

　　想起我 14 岁那年，家里人想让我上中专，因为毕业就可以上班，孝顺的我在煎熬下报了中专。可是，在志愿表上交的最后一天，我骑自行车跑了十几里路，追回志愿表，将中专改回高中——

就这样我上了大学。

毕业那年，我想做记者，却没机会，而是当了老师。一位长辈说，当老师不是很好吗？当老师很好，但我就是想做记者！

工作8个月，我想辞职下海，妈妈说当老师工作安稳，你去了上海，万一没有工作怎么办？可是，年轻的我就是非去不可。兜里只有200元，现在想想，真是勇敢得可以，200元够干啥呢？我真的饿过肚子，有一碗炸酱面就能让我泪流满面……

回想走过的路，觉得都是非走不可的，非要上高中，非要当记者，非要离开小城，非要漂泊，非要当作家，非要创业，凡是该发生的，终究都要发生，别人挡都挡不了。这种天意，不是宿命论，而是知道自己内心想要什么，或者清楚自己想要成为一个什么样的人，并为之努力。你的性格、你的气质、你的天赋都决定了你的人生。有些事，你只能这么做，有些路，你必须这样走。那么，听从自己内心的声音！

你的人生中非走不可的路，前途是未知的，它不一定是弯路。弯路是因为迷茫、鲁莽、不够了解自己、内心狭隘才会走的路，如果有足够理性，如果确定知道自己要什么，如果能多一点智慧，人是可以避免弯路的。

同样是青春，为什么有些人走得顺畅，有些人一路跌撞，其实，就是智慧和情商啊！我年轻的时候走了一些弯路，主要是那时太偏执，而且不善于交际，还好我是搞文字工作的，这些经历都可以成为我创作的题材，要不然，这些弯路，真是亏大了！

年轻人，勇敢地往前走吧，有些路非走一次不可，先别管是不是弯路！

# 走出来的是路，扔掉的是负重

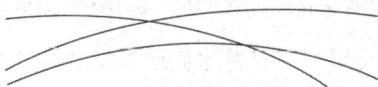

人的一生就像走钢丝，既要活得有重量，又要活得能超脱，这重和轻，本身就是一对反义词；既要活得水起风生，又要活得波澜不惊，这躁和静，又是一对反义词。善良，而不能太善良；强大，而不能太刚愎自用；聪明过头又成了自作聪明……

一对对的反义词好比一对对的士兵，把手中长刀高高举起，形成一个刀剑胡同，既要穿过去，又能不伤损，才算是高人。

人生处世本就如锅中炒豆，下面有火，豆在锅里噼噼啪啦乱蹦。火来自人心，是真正的"心火"。因为社会大环境，人人都跟打了鸡血似的不安定。想出名的不择手段，想骂人的不过大脑，受了挫折软趴趴，于是身心分离，两相不顾。轻躁并行，失败与失意也在意料之中。

"心稳了，手就稳了。"这是《士兵突击》里面，原钢七连连长，现师侦营副营长对七连"逃兵"成才说的一句话。无论是在家乡下榕树、钢七连，还是 A 大队的初期，这个年轻人都是嚣张的，浮躁的，争强好胜的眼神里，总有一点跳跃不定的光。少年侠气，露不藏深。

当他被毫不留情地打回去继续看守驻训场，趴在草原上，用一把几十块钱的的民用瞄准镜绑在突击步枪上，一连几个小时的观望，或者看屎壳螂滚羊粪蛋，静气才慢慢上来，笼罩全身。所以当他和师侦营比枪，其他人都是一触即发的紧张，只有他全身放松，枪就顺在腿边。只是当啤酒瓶子飞起的一瞬间，他动如脱兔，瞄准击发。伴随着应声碎裂的酒瓶和其他人诧异的眼神，他的眼睛里透出一股静水流深的淡定。

《道德经》有段话："重为轻根，静为躁君。是以君子终日行不离辎重。虽有荣观，燕处超然。奈何万乘之主，而以身轻天下。轻则失根，躁则失君。"尤其是年轻人，虽说青春正盛，跳脱飞扬，但是跳脱飞扬的不单是青春，还有骄傲和浮躁的灰尘。长大其实是一个过滤和添加的过程，滤去轻狂，在人生的底色上添上静和重，否则后面几十年光阴里迎接自己的，只能是灰暗、失败的人生。

朋友老李很有才华，写一手好文章，年纪轻轻加入省作协，想当年意气风扬，活脱脱一代天骄的模样。按理应该越走越远的，可是现在快五十岁了仍旧蛰伏家乡，半黑不红。他把这一切归咎于领导的打压，同人的倾轧，社会的不公，却不明白，走到这一步，自己要担一大半的责任。当初太狂，招人忌恨，如今又自认不遇，拼命喝酒，醉后指点江山，睥睨群雄，别人不爽的同时，他自己的一颗心更是不安定，时而跌到谷底，时而蹦到半空，哪还有余力去读书、写作、养静、观察世界和思考人生？才气于他已经不是资本，反而变成负担，活活把他变成一个浮躁轻狂的人。失去根底，像一株木理粗疏的泡桐树，着实不堪大用。

梁漱溟说，人一辈子首先要解决人和物的关系，再解决人和人的关系，最后解决人和自己内心的关系。就像一只出色的斗鸡，要想修炼成功，需要漫长的过程：第一阶段，没有什么底气还气势汹汹，像无赖叫嚣的街头小混混；第二阶段，紧张好胜，俨如指点江山、激扬文字的年轻人；第三阶段，虽然好胜的迹象看上去已经全泯，但是眼睛里精光还盛，说明气势未消，容易冲动；到最后，呆头呆脑、不动声色，身怀绝技，秘不示人。这样的鸡踏入战场，才能真正所向披靡，不战而胜。

人生本来就是一场反义词的大比拼，所谓的反义人生，不过就是在自己和内心之间寻找平衡；而静与重，也不过就是提醒自己反复做一个动作：清零。一步一步走，一步一步扔。走出来的是路，扔掉的是负重。路越走越长，心越走越静，时刻谦卑，时刻低眉，时时刻刻心里有敬畏。只有这样，才能修炼成精，任你密雨斜侵，我只坐拥王城。

# 见识比容貌
# 更重要

　　张爱玲说，女人是同行，以"同事"的眼光看，女人为了美丽真是不遗余力。身边有个女友，和男友步入感情平淡期后，就陷入了惴惴不安之中。男友在设计院上班，每日工作超过 18 小时，而她待业在家，闲到发慌。

　　因为无聊，她不时会打电话给男友，东拉西扯，最后的关键问话是："你爱我吗？"男友的回答越来越敷衍，她就越不安，情急之下，想到了整容。先是偷偷的，做激光、冻结脂肪、除毛……最后终于发展到，趁男友出差，去医院开了眼角。

　　但这努力并没有让男友"回心转意"，相反的，每日疲于生计的男友，觉得只会对着镜子审视自己的她，荒谬又无趣，纵然眉眼修整得精巧，却也无法激起他的爱慕。他们最终分手。这故事让人心生感慨。女人为了美貌吃尽百般苦头，但别忘了，倘若光有肌肤眉眼之美，没有智识和能力的支撑，那皮囊很容易在岁月的刮毁下，摇摇欲坠，逐渐坍塌。

　　你看同样是香港娱乐圈鼎盛时期的女神们，钟楚红和林青霞就保养得宜、气质出众，细看去，她们都比年轻时有了稍稍的发福，面容也不免攀爬一些皱纹，但因为她们始终都有对世界的好奇心——林青霞写书，钟楚红摄影，她们不躺在从前的黄金时代上黯然神伤，而是努力填充自我，丰富内心，所以展现出来的，也是带有岁月感的雍容和美丽。

相比之下，脸庞紧致得有些怪异的关之琳，就显得不那么愉快，倒不是说离婚就是失败，而是她恃美行凶一辈子，忘了两个人相处，最重要的还是灵魂的契合，而非美貌和财力的两两相对。如果没有足够的见地和智识来保护那美丽，那不仅容易被判为花瓶，还可能被觊觎、被伤害、被看轻。

很多女人总以为，一遇良人，就能从此高枕无忧，但其实从来没有良人和恶人这个对立的标准可言，当你足够强大时，能够随时从一段糟糕的关系里脱身时，就没有人能伤害得了你；相反的，如果你只是以弱者的身份存在，需要怜惜、需要保护，那么最初觉得你楚楚可怜的人，最终也会让你变成可怜的人。

这话说出来真残忍。可是这世上或许从没有良师益友般的爱人，没有人会拦腰抱你起来看世界，相反，他们会仗着你看不到事物的全貌，胡乱骗你。当强者面对弱者，嘴里说着爱，手上却总忍不住，趁火打劫。亲爱的，只要对镜贴花黄的年代早就一去不复返了，在当代，见地比美貌更靠谱。

我听过一个八卦，一个男人和妻子白手起家创业，几年后他们坐享上亿身家，此刻男人看自己的妻子，就看出了百般的瑕疵——皮肤太粗糙了，眉眼凶了些，噢还有，她为什么就不像公司里的职员那样，用崇拜的眼神看他呢？

于是男人心生倦意，不到半年，提出离婚，妻子走得很平静，她懂得强扭的瓜不甜的道理，更懂"长恨人心不如水，等闲平地起波澜"的道理，她不哭不闹，清空了自己的衣柜。

男人也很顺理成章地，找了个娇媚的年轻女孩，起先一切都是妙不可言，女孩的软语温存，给了男人极大的慰藉和满足，但渐渐的，他们之间变得没话聊——女孩只关心这一季又流行什么包，头发该换成什么颜色最衬皮肤，而男人面临的问题则要艰难得多，商场倾轧、公司变动，这些沉重的话题，他不知该如何跟女孩说起。

偶尔提一两次，女孩也只是用嗲嗲的"不要紧啦"来回复，男人突然意识到，那莺声燕语并不能给他切实的支持，反而是前妻当时直率、朴实但一阵见血的讨论，更能帮助他解决问题。男人终于懊悔万分。

这不是一个用智商让男人回头的故事，我们真正想说的是，和肌肤的莹洁、五官的精致、声音的温软相比，更能让你扎根于广阔大地的，是你的才华和见地。前者多少有些"娱人"的性质，而后者，则是悦己。悦己是让自己活成一块海绵，随时准备像吸取水那样，吸收营养、丰富自我。

这样的女性，哪怕有朝一日老了，眉梢眼角也俱是智慧，一举一动皆是修养。美貌是跟岁月的一场必败的争夺战，再怎么小心维持，都是盛极必衰。然而见地不同，它可以通过时间来沉淀，让你拥有谁也夺不走的优雅和风华。

早先有句俗谚，说女人是"头发长，见识短"，意指女性的百结愁肠，也不过是因为生活区域太窄，阅历太浅，读书太少。后来流行的又是职场白骨精——年轻骨感精英的女白领，一身潇洒的套装，和男性平起平坐在会议室，共同竞争于写字楼。

但能力的提升从不意味着美丽的放弃。人生从不是一道单选题，而是一道填空题，我们把梦想、事业、爱情、家庭这些选项，一格格尽力填充。这样的女人才愈显丰盈，这样的人生才够得上圆满。我们既要宽阔的见识，也要乌黑如瀑的黑发。既要叱咤职场的自信，也要三口之家其乐融融的温馨。

# 三厘米，成功
# 与失败的距离

在南京青奥会央视总演播室里，出现了一个俏丽的身影，她在荧幕前镇定自若，大气稳重，她的评论准确专业，行云流水。她就是央视体育频道评论员陈滢。她是南京青奥会央视总主持人，这也是她第一次担任重大综合赛事的总主持人。

一时间俏主播陈滢的名字响遍了大江南北。但是，大家怎么也想不到，十二年前陈滢还只是央视一名翻译和配音工作者。

2001 年，还未大学毕业的她进入央视实习，第二年进入中央电视台体育频道正式工作，由于本科是英语专业，最初在体育频道翻译资料，同时参与赛事配音。那时台里从国外引进比赛的录像，上面带着 BBC、NBC 等频道的英文解说。她的工作就是先听译，再翻译成中文并配音。

有人说，翻译工作是嚼别人吃过的馍，没什么味道，也没什么技术含量。但对于非体育专业毕业的她来说，要翻译好这些解说也并非易事。各种专业词汇让陈滢很头疼，因为体操、花样滑冰每个项目都有一套不同的专业术语，光体操项目就有近 2000

个技术动作，再加上不同的规则和不同的评分标准。凭着一股不服输的劲头，她每天抱着字典和专项书籍学习，裁判守则更是时刻不离手。

因为陈滢自小练习舞蹈，喜欢音乐，所以对与舞蹈有关的体操、花样滑冰比赛特别喜欢，在翻译过程中，对这两个项目的录像也格外上心。在听了国外解说员的解说后，时常有不过瘾的感觉，逐渐地她会在国外解说的基础上加入自己想说的内容，让评论更丰盈、更有人情味。就这样，她在幕后一干就是三年。

机会给予有准备的人，但同时，机会也需要自己争取。2004年11月，中国花样滑冰大奖赛时，陈滢勇敢地向领导请缨。一个幕后的配音编辑要走到台前来，这可是要有足够的勇气的，陈滢如此，领导也是如此。"现场解说好比在刀尖上跳舞"，自己在控制喜怒哀乐的同时，还要把现场的热烈气氛传递给电视机前的观众，其中的分寸很难掌握，在比赛现场这样一个开放的环境里工作，对评论员的自控能力要求极高，既要全神贯注理性地分析比赛，又要感性地传情达意。台领导对她说："你只有这一次机会，不行以后就永远不要再提了。"结果那一次的解说陈滢获得了大家的认可。

之后，她解说的赛事越来越多，都灵冬奥会、北京奥运会、温哥华冬奥会、伦敦奥运会、索契冬奥会，渐渐地，她成为央视体操和花样滑冰等项目国际赛事解说的不二人选。2014年南京青奥会，她力压群芳，成为央视总主持人。大家有所不知，和单项评论工作不同，总主持人的工作需要了解奥运会26个大项300多个小项的信息。由于此次青奥会的播出大本营设在北京，不像之前的奥运会把大本营设在赛事举办地的主新闻中心，所以资料搜集更新非常困难。难上加难的是，和以往大型综合运动会的主持人都配备专门的撰稿团队和提词器服务不同，本次青奥会要靠主持人自己即兴组织语言串联节目。最终，凭借快速的学习能力和认真的工作态度，陈滢出色地完成了南京青奥会的主持工作，并得到了同行和观众的赞许。

　　陈滢自己把这次赛事主持的成功归功于自己多年的赛事评论经历。

　　这让我想起了竹子。竹子用了4年的时间仅仅生长了3厘米，从第5年开始，以每天30厘米的速度疯狂生长，用了6周时间就长到了15米。其实，在前面的4年，竹子将根在土壤里延伸了数百米，才有了后面的拔节生长，以致成钻天之势。

　　其实，做人做事亦是如此，不要担心你之前的付出得不到回报，因为这些付出都是为了扎根，人生需要储备！多少人，最后之所以没能成功，就是因为没有熬过那"三厘米"阶段！

# 成功到底
# 需要多长时间

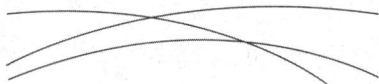

有两个年轻人酷爱画画，其中一个很有绘画的天赋，另一个资质则明显差一些。

20岁的时候，那个很有天赋的年轻人开始沉醉在灯红酒绿之中，整天美酒笙歌醉眼迷离，丢掉了自己的画笔。

而那个资质较差的年轻人则没有丢掉画笔。他虽然生活极贫困，每天需要打柴、下田劳作，但他始终没有丢掉自己钟爱的画笔。

每天回来再晚再累，他都要点亮油灯，伏在破桌上全神贯注地画上一个小时。即使在他做木匠走村串户为别人打制桌椅床柜的时候，他的工具箱里也时刻装着笔墨纸砚，在休息的短暂间隙，行路时在路边稍坐，他都会铺上白纸作画，甚至以草棍代笔，在泥地上画一通。

40年后，他成功了，从湖南湘潭一个名不见经传的小镇上的一介木匠，变成了蜚声世界的画坛大师，这个人就是齐白石。

齐白石成功后，曾和他一样酷爱过绘画的那个人到北京来拜访齐白石。不过，他同自称"白石老人"的齐白石一样，已经是个年过六旬的老头了。两个人促膝长谈，齐白石听他慨叹美术创作的艰辛和不易，听他诉说对自己从事绘画半途而废的深深惋惜，齐白石宛然一笑说："其实成功远不如你想的那么艰辛和遥远，从木艺雕刻匠到绘画大师，仅仅需要 4 年多的时间。"

"只需要 4 年多一点？"那个人一听就愣了。

齐白石拿来一支笔一张纸，伏在桌上给他计算："我从 20 岁开始真正练习绘画，35 岁前一天只能有一个小时绘画的时间，一天一个小时，一年 365 天，只有 365 小时，365 小时除以 24，每年绘画的时间是 15 天。"

"20 岁到 35 岁是 15 年，15 年乘以每年的 15 天，这 15 年间绘画的全部时间是 225 天；35 岁到 55 岁的时候，我每天练习绘画的时间是 2 小时，一年共用 730 小时，除以每天 24 小时，折合 31 天，每年 31 天乘以 20 年合计是 620 天；从 55 岁至 60 岁，我每天用于绘画的时间是 10 小时，一年是 3650 小时，折合 152 天，5 年共用 760 天。"

"20 岁到 35 岁之间的 225 天，加上 35 岁到 55 岁之间的 620 天，再加上 55 岁到 60 岁时的 760 天。我绘画共用了 1605 天，总折合 4 年零 4 个月。"

4 年零 4 个月，这是齐白石从一个乡村懵懂青年成为一代画坛巨匠的成功时间。

很多人对齐白石仅用了 4 年零 4 个月的时间就取得成功很惊愕，但何须惊愕呢?

其实成功离我们每个人并不远，成功不需要太长的时间，只要你坚持，只要你勤奋，成功的阳光很快便会照射到你忙碌的身影上。

不要害怕成功遥遥无期，成功其实不需要太长的时间，用上你发呆或喝咖啡的时间就足够了。

# 心态，并不是
# 决定因素

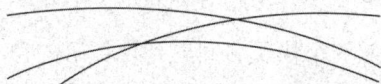

最近，在和高中的学弟学妹接触时，我发现几乎每一位高中生，在说起自己某一科成绩不够好的问题时，总会把原因归结为自己没有好心态或者是没有自信。

我先给大家讲一个故事，主人公是美国射击运动员马修·埃蒙斯。

2004 年 8 月 22 日，雅典奥运会男子步枪三姿决赛，马修·埃蒙斯以绝对优势领先进入男子步枪三姿的最后一枪——他只要不脱靶，拿金牌就仿佛探囊取物。

于是，像之前一样，埃蒙斯耐心地端起步枪，慢慢地瞄准，稳稳地扣动扳机——成功将子弹送到了隔壁的靶子上，把近在咫尺的金牌拱手让给了中国老将贾占波。那时候很多专家就认为埃蒙斯虽然能力出众，但是心态不够好。

北京奥运会上，埃蒙斯在倒数第二轮领先将近 4 环，但就在金牌几乎唾手可得的情况下，他又一次重演了雅典的悲剧。

2010 年，他被诊断患有甲状腺癌，在纽约一家医院做了手术。

在身体恢复之后，埃蒙斯并未放弃，他重新举起了步枪，并获得了参加 2012 年奥运会的入场券。不过，相同的失误在 2012 年伦敦奥运会重演，在决赛第 9 枪还领先对手 1 环多的情况下，埃蒙斯的最后一枪只打出 7.6 环，将几乎到手的银牌拱手"送给"韩国选手金钟铉，只获得了一枚铜牌。

讲完这个故事，我问学弟学妹："听完这个故事，有什么感想呢？"

这时候大多数人都说："埃蒙斯心态不好才失败了，我也正是因为没有好心态才学不好啊！"

我对他们说了下面的话：埃蒙斯因为心态不好导致的失误确实令人惋惜，但是在世界上 60 多亿人中，埃蒙斯曾 4 次打进奥运会决赛并拿到 3 枚奖牌，虽有遗憾，但终究是做到了其他几十亿人都没有做到的事情，怎么可以说他失败了呢？即便拿到的是铜牌，他依然值得享受全世界的关注和掌声。他顽强守护自己的射击梦想 19 年，在患癌后，依然不放弃训练和参加比赛，正是这种执著的追求和超常的行动力让他成为世界闻名的射击运动员，假如他只是盲目自信，不付出努力，每天只是对着蓝天白云青山绿水大喊："我埃蒙斯要拿金牌！"不要说是铜牌，连奥运会的入场券他都拿不到。

我想对学弟学妹说的第一点就是，心态波动对于学习成绩有一定影响，但是这种影响最多只是让你的成绩从原本该拿的金牌变成一枚银牌，一枚银牌变成一枚铜牌，一个 985 高校变成一个 211 高校，这种影响只会限制于一个很小的区间内。就算你心态再好，每天嚷嚷着一定要考上清华北大，但是却上课玩手机、放学玩网游，不思进取，那么能上一个二本就算不错了。不要放大心理素质的影响，一只蚊子就算再有自信去咬一个人，使出再多的花招，它还是躲不过被人一掌拍死的命运，因为在绝对力量面前，任何的幺蛾子、花招都是没用的。

什么是绝对力量，你的努力和行动就是你学习中的绝对力量。

每个人只有在竭尽全力后，才有资格去谈论心态这回事。没有经过风雨的洗礼，不愿意接受磨难，不愿意咬牙坚持却还相信自己能有个好未来，这样的好心态和自信是盲目的，而且是应该被嘲笑的。你说你不自信、心态不好，也只是因为你每天总是比班里其他学生起得晚、不愿意背书、不愿意练习，碰到困难不愿意去想办法解决，坚持不下去而已，你的不自信是因为你"心虚"啊！

愿你用行动征服世界。

# 人生不是一场
# 考试能决定的

我已经不记得我的高中生活是怎么结束的。最后一堂课老师是怎么收尾的，我们有没有哭；我甚至不记得我在哪个考点考的试，前后左右坐的陌生同学长什么样子，有没有发生任何好玩或惊险的事情……

最后一科铃响，全体起立，把卷子交给老师，那一刻的心情多么珍贵啊，我在想什么？

我竟然都不记得了。

但有两个画面忽然跳了出来。

第一个画面，是最后一科考完，我随着人潮在走廊经过一间又一间教室，看到许多监考老师在封卷。

忽然在一扇门前听到了哭声。

一个女生几乎要跪下来，死死抱着监考老师的大腿，不断重复："你让我填上吧，求求你了，否则我的人生就要完了。"

我只经过这扇门短短几秒钟，可这句话我一直都记得。年轻的时候我也一样，在每一个错失的机会和每一次遗憾的失败面前痛哭流涕，轻易地认定：我要完了。

但我不想嘲笑曾经的自己和那位陌生姑娘。我说过的，以过来人的眼光看，高考不过是人生中的一个小土丘。但当时这个土丘离你足够近，也足以遮蔽你的全部视线。

谁能苛责我们呢？18岁，我们还不懂人生，自然以为它特别容易就会完蛋。

就连我自己都写过日志，记录自己考前忽然有过的自杀冲动（只是想想而已，刀还好好地挂在厨房里）。18岁的我觉得自己一路领先，但万一考砸了怎么办？凭什么人生要靠一场偶然性如此之大的考试决定命运？凭什么？如果考砸了，一直以来的努力还有意义吗？

这个问题我一直在思考，直到今天。

名言警句，人生哲理，是先贤对世界的观察笔记，是前辈对规律的归纳式总结，描述的是概率。只是概率而已。没有任何一句箴言、一场考试能够百分之百地保证你的未来。

所以我们为什么努力？为了将赢面扩大一点啊。

被抱住大腿的中年女老师并没有骂那个女孩，也没有流露出不耐烦，只是安静地站着，抱着封好的卷子，平静地一遍遍重复："人生不会完的。"

我猜，那位和我同龄的陌生姑娘如果还记得这句话，她一定会赞同。

我们已经绕过了那个小土丘，后来又翻过了一些更高的山。成功了，便获得更多的选择权、更大的赢面；失败了，就收获一段经历，生长出更多的悲悯心，滋养生命的丰实，然后继续努力，把收缩的赢面再扩大，最后赢取属于自己的人生。

知道吗，做一个成年人特别棒。我们很淡定，我们很自由，我们有特别多的选择权，有你们想要的一切。

所以，请努力、自信、谨慎地度过这两天的考试，然后成为我们中的一员吧。

哦，还记得我刚才说的是两个画面吧。第二个画面是光芒。我高考的时候下了整整两天的雨，结束的时候天还是阴的，等我坐上车，车开起来，忽然看到前方的云散了。还没落下去的太阳，就这样绽放出一线光芒。

# 挫折是
# 向上的台阶

在奥斯卡的颁奖舞台上，她侃侃而谈，以犀利的幽默吸引着众人的视线，3个小时的直播让人充满了无限激情。她就是美国著名脱口秀节目主持人艾伦·德杰尼勒斯。

艾伦13岁时，父母离异，她选择跟着妈妈一起生活。婚姻的失败与生活的压力，让艾伦的妈妈患上了重度抑郁症。一天早上，艾伦洗漱完毕准备到厨房去做早餐，刚走到厨房门口，她就看到母亲站在厨房的操作台前，这让她很疑惑，妈妈已经很久没有给她做过早餐了。艾伦悄悄走上前去，看到妈妈正准备用水果刀割腕，吓得她立即上前从妈妈手中抢走了水果刀。从此，艾伦将家里的刀子全部藏了起来。

为此，艾伦专门请教过医生。医生告诉她，要多开导病人，多给病人带来欢乐，以缓解病人的抑郁情绪。艾伦听从医生的话，每天放学回家都要给妈妈讲讲学校里的事，一开始妈妈毫无反应。为了引起妈妈的注意，艾伦就在语言与动作上下功夫，她发现故事讲得越幽默越能引起妈妈的注意。之后，艾伦将取悦妈妈作为一天当中最重要的事情。

艾伦经常看书，好从书中发掘有意思的事情讲给妈妈听。时间久了，这看似无意的举动，不仅让妈妈的病情得到了缓解，也让艾伦的口才得到了锻炼。从此，她爱上了这种表演形式。在学校的晚会上，她常常将生活中发生的事情，编成脱口秀表演给大家。

大学一年级后，因为交不起学费，艾伦被迫选择了退学。为了维持生计，她开始四处打工，做过饭店的服务员、女领班、酒保，还做过油漆工，卖过吸尘器。一天，她在下班回家的路上，看到一家咖啡馆正在招聘脱口秀演员，她很兴奋地前去应聘，并幸运地被录取了。但是没过多久，她就因为观众不认可而丢了这份工作。

看到艾伦因为丢了工作十分沮丧，妈妈安慰她说："我曾经看过的一本书上说，每一次挫折都是一种成功。因为你在这次挫折里，明白了下一次怎样才不会重蹈覆辙。日积月累，挫折就成了你成功的奠基石。"艾伦听了觉得这句话很有道理，于是重新鼓起勇气去找她喜欢的脱口秀工作了。

在艾伦不懈地坚持和努力下，20世纪80年代，她开始随所在的俱乐部到美国各地演出脱口秀。一天，她在电视上看到电视台要举办喜剧小品大赛的消息，便毫不犹豫地报了名。在这次大赛上，艾伦凭借机智的幽默和精准的表演一举夺魁，赢得"全美最搞笑的人"的称号。从此，艾伦的舞台从俱乐部转移到了电视台，她也从一个俱乐部里的表演者一步一步地走进了喜剧演员的队伍。

之后，艾伦凭借丰富的知识面与富有特色的机智幽默，被很多美国著名的电视脱口秀节目邀请做主持人的搭档，还参演过一些电影。可是她一直都是配角，这一度让她非常沮丧。

1994年，艾伦出演了以她名字命名的电视剧《艾伦》。她的戏剧才华获得了观众的认可，并且获得了两项美国艾美奖提名。2003年，艾伦终于以自己的实力，争取来一档以自己名字命名的脱口秀节目——Ellen。这个节目一经播出便得到了很好的收视率。

正所谓天道酬勤。如今，艾伦已经赢得了14个艾美奖。在2013年福布斯全球100名人榜中，她排名第10。迄今为止，艾伦是历史上唯一一位主持过奥斯卡奖、格莱美奖和艾美奖的主持人。

在每个人的生命中，都会遇到挫折。有人将挫折当作绊脚石，退回了原点，而有的人却把每一次挫折都化作继续前进的动力，最终迈上了成功的阶梯。

## 你的形象难道
## 就值两站地

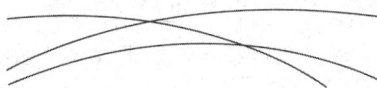

一哥们儿爱看莱昂纳多。今天他在网上和别人吵了一架，争论莱昂纳多到底有没有资格拿奥斯卡奖。吵了两个小时，结果就是不得不晚上加班完成任务。夜宵吃饭找我吐槽，倒不是吐槽奥斯卡和对立影迷，而是觉得自己好没用，因为他觉得自己浪费了太多时间在没有价值没有意义的争论上，把正事耽误了。哥们儿自问自答："你说我是不是贱？也是我没啥大事做，要是一分钟几百万，真没时间为了这点事花费一下午。"

听某哲学系女老师讲课，讨论到女孩为什么不能做家庭主妇。在她看来，经济独立性，性别自尊等倒不是最大的原因，她认为最重要的原因是"女人不能与社会脱节"。因为女人一旦脱节社会，"你的世界就只有那个房子和那个男人"，这样很多"鸡毛蒜皮"的小事你都会觉得是大事，于是会因为很多"鸡毛蒜皮"的事情和丈夫吵起来，因为你的注意力并没有由于更重要的事情，例如基本的社会交流和工作任务，可以被转移。

之前在网上看到一个让人心酸的故事。一个毕业了几年的女孩，因为叫的牛肉面里的肉少和老板争执起来，结果哭了。哭的原因不是牛肉少，而是如她所说："这不是我想要的生活。"女孩毕业之后打拼几年，谁想如今还在因为碗里的几块牛肉和别人争执，细细想来，如果她单位时间价值够高，有更重要的事情可以做，她是不会将精力放在讨价还价上的。她的那两行泪，是对自己现在状态和过往经历的一种否定和哭诉。

经济学有个概念，叫"机会成本"。"机会成本"是指为了得到某种东西要放弃另一些东西的最大价值。换句话说，我做的事情价值多少，是由我放弃的事情反映出来的，而我放弃的事情，也是由我做的事情的价值反映的。价值这东西不好说，因人而异，哲学命题我水平有限讨论不来。但是生活经验和道德直觉告诉我，一个人的价值是可以从他的抉择中判断出来的。同样的资源你怎么分，同样的抉择你怎么选，将一个人的层次或者说特质表露无遗。

总之，什么样的人，价值如何，可以从他的个人选择中判断出来：你放弃了做什么而选择了做什么。你的心中孰轻孰重，孰优孰劣，在你实际行动的诠释下，一切的言语都是苍白无力的：你做了什么，你就是什么，值什么。

如果你为了一块糖和好朋友大打出手，你俩的友谊和你的好朋友就值这块糖；如果你为了电影票钱和女朋友斤斤计较导致分开，你俩的爱情和你的爱人就值这几百块钱；如果你因为一个廉价花瓶碎了，打得孩子再也不敢自由玩耍，你孩子的好奇心也就值这个花瓶；如果你因为几次加班，就跟上司大发脾气吵得不可开交，你的前途也就值这几次加班费；如果你放弃享乐和纵欲，坚持努力和进步，你对成功的追求和渴望的价值就高于你对纯粹欲望快感刺激的多巴胺；如果你倾家荡产也要救你患病的亲人，你的亲人对你来说价值就高于你的一切财富；如果你为了理想放弃了高工资而去创业卖糖葫芦，你的理想对你来说就高于丰厚的年薪。

　　如此，我们的精力分配，一定程度上反映着我们的层次。我们如果为了吴彦祖还是黄晓明帅和别人争执一个下午，那么与其说明我们"心胸格局小"，不如说我们的一个下午时间也就值这点娱乐圈的争论；我们如果为了地铁上让座不让座跟别人吵了起来，骂了起来，与其说我们"素质低"，不如说我们个人形象也就值两站地的地铁。做什么价码的事，就是什么价码的人；为了什么价码的人和事怄气或执拗，就配什么价码的苦难和荣耀。

# 别辜负了
# 身上的翅膀

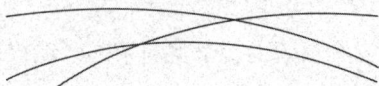

卡夫卡曾写过一则寓言《巷战》，大意是这样的：一群士兵围住了一个城市，在巷子里寻找敌人，突然看见一个长了翅膀的老人，原来那个城市的人都是有翅膀的。

"你们感到奇怪，"老头说，"我们大家都有翅膀，但它们对我们毫无用处，我们没有人利用翅膀让自己飞翔，更没有人想着利用翅膀逃跑，要是能够把它们扯下来，我们早就那么干了。"

"你们既然有翅膀能够帮助你们逃跑，可是你们为什么不飞走？"士兵不解地问道。

"要我们飞离我们的城市？离开我们的家乡？离开亡者和诸神？"老头更加不解地反问。

这个寓言，卡夫卡虽然没有写下结局，但结局是很容易猜想的：为了固守自己的传统生活，为了自己的既得利益，尽管有翅膀也不肯飞离。

最后，尽管这个城市里的人们都长着一对可以飞翔的翅膀，但是他们的城市却很快被没有翅膀的敌人灭亡了。

在我们的身边，无时无刻不在发生着这样的事情，你本来可以凭借自己的勇气重新开始新的征程，你本来有机会打造一片新的天地，但是，你却因为计较小小的得失而与成功失之交臂。

几年以前，有一位读者，多次打电话给我，说他有一个重要的人生问题，很诚恳地请我给他拿一个主意。每一次打电话，他都诚惶诚恐地先说：很冒昧打扰您，但我是您的读者，我知道您曾经也遇到过我今天的问题。

他是一位大学毕业生，现在一个基层单位做文字工作。他最近看到了省城一家报社招聘记者编辑的启事，便触动了心中爱好文学和新闻写作的那根弦，就偷偷瞒着家人去报考了，结果，他考得很不错，被录用了。当接到录用通知的时候，他作难了。现在自己在县里有了住房，妻子在一家工商所工作，而且又有了孩子。他如果去省里，单位给解决住房吗？省城的房价那么高，自己在省城能买得起房子吗？妻子的工作怎么解决呢？记者这个职业比起目前自己的职业优缺点孰多？

在事情还没有去做的时候就设想一大堆困难，我是最不能容忍这种人的。第一次打电话，我告诉他，到省城报社应聘记者，是你人生的另一个选项，如果你感觉目前的工作你不适合，这也许就是你重新开始的一个机会。

没过几天，他又打来了电话，说家里人特别是妻子反对他到省城应聘，除非给房子并解决妻子的工作。并且再三抱歉再次打扰我。"可是，我实在犹豫，我拿不定主意，我知道去做记者要比目前的工作更适合自己的发展，可是那些生活问题都不能解决，家里人就不支持。"他说。

因为是第二次了，而且从电话中我对他又有了许多了解，这次我的话说得更重了些。我这样问他：你既然没有勇气面对生活中的一个个问题，那为什么产生这样的念头呢？你目前的职位不是好好的吗？稳稳当当的公务员，在当地也是让人羡慕的职业。他说，可是，我爱好新闻和文学，我已经发表了十几万字的作品了。他告诉我，他觉得去做编辑记者，才是他一生的追求，在县城这地方，他一辈子什么也干不成。

后来，他又写了封长信给我，详细诉说自己举棋不定的苦衷和犹豫。问清了他的地址，我写了封长信给他，希望他能摆脱人生的困惑，把握住这次机会。

我这样说：在我们的生命当中，患得患失、固步自封是人生获得成功的大敌，世界上无数的人，正是因此而丧失了成功的机会。当我们面临人生机会的时候，当我们面临人生的困境的时候，我们应该挣脱身上所有的锁链勇敢前行。其实，未来人生的困难，往往没有事先想象的那么大。在我们对成功与失败难以把握时，我们往往把将要遇到的困难都一股脑地推到面前，从而把选择的砝码加重到失败的一方。世界上没有那种把一切困难都解决了的好事给你留着，让你轻而易举地拿来，一切都要靠努力去争取。

　　不久前我参加一个采风活动到了那个县里，我见到了那个曾经请我拿主意的青年人。他终是因为担心自己解决不了那些问题而没有离开，依然在原来的单位里做一个小职员，人生没有什么起色和光亮。可是，我了解到的情况是，那一批进省里媒体的青年人，很多人的事业已经是风生水起。

　　每每想起这个青年人，我自然就想起卡夫卡的那则寓言。我们每一个人都有一对飞翔的翅膀，可是，很多人却从来没有想过利用自己的翅膀到辽阔的蓝天上飞翔。

# 人究竟是为了
# 过程而活着

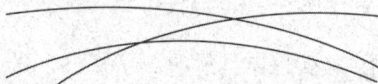

世上本没有免费的午餐，若想获得什么，首先要学会付出。不劳而获是很困难的，几近于天方夜谭。但是，在付出的同时，不应该有太强的目的性。否则，不仅仅是在侮辱对方，也是在侮辱自己。我想，总有些东西是无价的，总有些事情是无偿的，总有些人能够做到无怨无悔的。当然，这是人生的最高境界。

只有把付出看得比获得更重要、更快乐，才能够不计代价，并且摆脱成本与利益的换算公式。付出本身，已很使你满足了。所有额外获得的，都不过是副产品，只负责带来意外的惊喜。

只有这样，你才能享受到真正的自由。甚至，只有这样，才可能获得更多。难道不是吗？假如你时刻计算人生的成本，那么，所谓的利润，也不可能超越你的想象。因为，你付出的一切都已变质了，已非最珍贵的东西。种瓜只能得瓜，种豆只能得豆。如果世间万事皆如此的话，就没有奇迹了。奇迹只会为奇人而出现。

有一次跟诗人曲有源聊天，谈到一些文学青年在商业社会里不幸的命运（譬如节衣缩食自费出诗集，呕心沥血却一文不名），我感叹道："唉，看来诗歌害了不少人。"曲兄立即纠正我的观念："这是心甘情愿的事情，怎么能责怪诗歌呢？就像谈恋爱，最终分手了，也不该说白谈了一回，在这过程中，享受到多少心跳的感觉？"对于他来说，写诗，能过把瘾，就很知足，心因而常乐。我肃然起敬，此乃情圣的境界，大诗人的境界。这样活一辈子，也很不错。

可惜，在目前这个时代，一些人在谈恋爱时，都开始考虑成本的问题，送多少束鲜花、请吃多少次饭，才追求到一个姑娘？生怕"超支"。假如没追到手，会有一种投资失败的感觉。爱情，乃至友情、亲情，若是明码标价，那就绝对是赝品了。感动不了别人，更感动不了自己，活着有什么意思？

凡·高要是计算绘画的成本，譬如颜料与模特的价格、房租等等，就没有勇气选择那条艰难的创新之路，还不如改行搞搞工艺美术设计，替人画点儿商标、广告之类。可如此精打细算的后果是什么？世界上将多一个平庸的匠人，而少一位杰出的绘画大师。凡·高若有商人的头脑，肯定画不出那纯粹为了燃烧而燃烧、毫无杂质的《向日葵》。正因为他生前远离名利，以殉道者的态度献身于艺术，其遗作才可能成为属于全人类的无价之宝。

靠一副小算盘，是无法成为伟大的艺术家的。你可以认定凡·高是贫困潦倒的失败者，但你创造不出比之更为巨大的财富。凡·高并非赌徒，不是靠孤注一掷而成为人类文明史上屈指可数的精神富翁。我觉得他在生前的创作中，就预支了凡人体会不到的幸福。真正的收获，潜伏在成本之中，更值得享受的是过程而非结果。

太多功利性，则体会不到过程之中属于审美范畴的乐趣，那是带着镣铐跳舞，难免会把自己绊倒。至少我，不愿做自己一生的账房先生。人生若只是一本计算收支的流水账，即使赚得再多，也不过是一些数字而已。人究竟是为了过程活着，还是为了结果活着？我选择前者。

# 2 在雨中，我们只能奋力奔跑

我们说起来，都不是有伞的那群孩子

在雨中，
我们能做的，
不是等，不是退缩，
唯一可以做的，
就是奋力奔跑以达目的地。

# 在雨中，我们
# 只能奋力奔跑

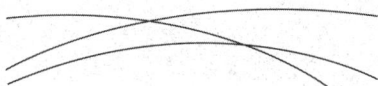

2013 年春节刚过，当时还是大三学生的我只身前往深圳找实习单位。事先没有任何安排，也没有接到任何关于实习单位的offer。我想，找份实习工作还不容易嘛，我又不要人家多少钱，只管吃住就行了。等实习期三个月一满，我就回学校继续过逍遥快活的日子。

深圳不得不说是一个极具魅惑的城市，橘黄的街灯，高耸入云的豪华办公大楼，还有形形色色走过穿着时髦的男男女女。华灯初上的时候，美得就像电视剧里播放的桥段。

由于一开始没做任何准备，我联系到了多年未曾谋面的表哥，算是先寄居在他家几天，等一找到工作就马上搬出去。其实表哥在深圳混得并不好，租住在工业区一个一室一厅的房子里，周围全部都是从农村出来的务工者。而更不方便的是，他女朋友也住在一起。

我打开电脑，开始了广撒网式的投简历。可是好几天过去了，毫无反应。那时候我才明白，原来一份实习工作是如此难找的。

整整过了一周，还是基本没有接到任何关于面试的消息。我开始着急起来，想着出门时跟父母信誓旦旦地话语，突然有点无地自容。

过了几天，终于接到面试的邮件，看了一下地址，离表哥家很远，光坐公交都得花俩小时。于是我打算搬出去，在面试地点附近租了一套一室一厅的老房子。

说是一室一厅，可是房子老旧得发黄，大厅中间时常堆积着一滩水渍；卫生间就在客厅一角，用简陋的砖块堆砌起来。厨房在客厅的另一角，甚至没有任何遮挡，窗户上满是黑乎乎的油渍，看着都能让人犯呕的那种。

其实我不算特别挑剔的那种人，能有个容身之所已经很满足了。我打扫了一天的房间，把那些黑乎乎的地方用买来的海报遮上，买了两瓶空气清新剂想努力去掉房中那股霉腐的气味。

晚上一切收拾完毕的时候，我才发现，原来整个房子空荡得令我那么地不适应。而四周时起彼伏的狗吠和婴儿啼哭地声音在暗夜里把整个房间渲染得更加的孤寂。我第一次那么想念学校，想念我爸妈。

第二天面试，我顶着巨大的黑眼圈，走进那个设在居民楼里的小财务公司。整个公司面积不到50平，里面居然能坐着30几号人。一同面试的大部分都是同龄人，有几个即将毕业的大学生，有几个有几年经验的财务工作从业者，甚至还有初中未毕业就出来做流水线几年的务工者，令我跌破眼镜的是，这些人居然全要了！

等到分配岗位的时候，我们刚进来的这批人全部放到大厅，一张长长的桌子，下面配着几把老旧的椅子。桌子上歪歪扭扭地排了一排电话机，每个电话机旁边放了一本厚达几十页的电话本，密密麻麻全是电话号码。

我终于明白了，我们应聘的并不是什么财务岗位，原来只是用来拉客户的话务员。我旁边的一个老同事跟我说，他已经进来三个月了，还没成一单，甚至也没从公司拿到一分钱。他说，这里每天都有十几二十号人走，每天又有十几二十号人来，从未间断。

那天上午，我打了三十几个电话，无一例外，全部告吹。甚至有人一接起来，我还没来得及说明就是一顿臭骂。直到中午吃饭的时候，左耳还一直轰鸣着，耳朵发烫。

中间有两个即将毕业的女大学生，在一起面试的时候我们就已经熟识。一起吃饭的时候，她们说，下午不想过去了，说下午我们重新去找吧，我们明明是做财务的，偏偏跑到这样一个公司来做销售员。

听她们的安排，我们吃完饭就开始一起出去找工作。虽然那个叫龙岗中心城的地方，大大小小的财务公司、会计师事务所不下 20 家，我们也相约一家家叩门毛遂自荐。但是当他们听说我们都是还未毕业的大学生时，竟无一接纳。

整整一个下午，我们跑遍了方圆五里的所有与我们专业相关的公司，但都被拒绝了。

下午我们一个个精疲力竭地坐下来吃饭的时候，两个姑娘脸上的疲倦和绝望看起来令人沮丧。我想，那时候的我，也肯定看起来十分的悲催。吃完饭的时候，天已经完全黑下来了，我们并肩走出小餐馆。一个女生说，我明天回我妈那里去了，很高兴认识你们；另一个说，我明天也不来了，还是乖乖回我表姐给我介绍的那家公司上班吧。

我说，那再见。

我们各自拥抱了一下，然后我站在原地看着她们走进了茫茫人海中，背影一下就消失不见。此后，我们就再也没见到过。

接下来的日子里，我晚上还是会孜孜不倦地投着简历，白天挨家挨户地找单位。可是接近半个月过去，依旧一无所获。

最令人沮丧的是，我身上带的那两千块钱已经捉襟见肘了。再不找到工作，可能真的连饭都吃不起了。我开始打印厚厚的一叠单子，里面全是家教信息。白天依旧出去找工作，晚上就开始往各种小区跑，在宣传栏、报刊箱里放单子。

记忆最深刻的是，在一个豪华小区里，我放单子在电梯口被物业的监控拍到。在出小区门口的时候，被四个保安团团围住，硬生生抢掉我的包，把里面的东西一搜而空，除了手机和钱包。甚至要求我回去把之前放的单子一张张全部收回来，没有办法，我只能照办。在出门的时候，还一个劲地赔礼道歉。

提着空荡荡的包，漫无目的地走在大街上，那些被没收的单子，是我身上仅剩的二十块钱打印出来的。站在华润万家下面，看着那栋豪华大楼，里面金碧辉煌，各色人们欢声笑语，出手阔绰。而我，甚至连吃个面的钱都没有。

看着熙熙攘攘的人群，看着路灯下自己孤身一人的身影。我第一次感到绝望，那种无力感到现在都记忆犹新。一回到家，站在卫生间洗澡的时候，当水从头上流下来那种冷彻心骨的感觉传来，我终于忍不住嚎啕大哭起来。

那天晚上，我坐在床上，用针挑破那些脚上的水泡，然后打开电脑，打了一局《帝国时代三》，给我表哥发了一条短信："表哥，借我200块！"

第二天又继续跑单位，是各种单位都跑。晚上的时候又打了些单子，开始往另一个小区走。记得那天还是被保安逮到了，但是这个保安好很多，知道我是未毕业的大学生，跟我说，只要不遮住其他单位比如电信、移动这类公司的宣传单就好。

拿着这200块钱，我省吃俭用地坚持了一周，终究还是弹尽粮绝。甚至到离开的前一天电话卡都只剩下几毛钱了，我记得当时广东的卡是按天收费的，再加上我的卡是长途加漫游，第二天估计就得欠费。我电话都不敢打，发短信让我还在长沙读大学的堂弟给我打了五十块钱，充了 30 块钱话费，晚上吃了个十块钱的饭，第二天早上吃了个早餐，兜里就只剩 2 块钱了。

我给我妈打电话，说，妈，我要回来了。

然后拿到房东退还的房子押金，当天离开了深圳。

其实这对我来说，是一个相当失败的经历。那些受的苦，那些受的委屈，可能在这里说出来都觉得好像早就过去的别人的故事，根本就不值一提。而当真真切切地去切身体会的时候，才觉得那段时光真的格外艰难。

其实我并不是家庭富足，并不是从小生活在优渥的环境中才对那些不值一提的艰苦感到莫名的苦楚和难熬。而切切实实的，当你身处在那样一个氛围而又不敢开口向父母讨要帮助的尴尬环境中，那些经历的事情就一桩桩地变得格外生动而残酷。

我回到学校，并没有像之前说的那样，逍遥快活的过接下来的日子，毕竟浪费的那两年已经在生命中昭然若揭地宣示着当年是多么地幼稚可笑。虽然接下来的日子我也并没有多努力，多拼搏，但是我至少可以安安静静地坐在图书馆看书整整一天，至少可以踏踏实实地看完一本书，写完一个故事，做完一套习题。

大四毕业的时候，我是班上第一个拿到 offer 的，我也是站在面试官面前轻而易举地打败三个对手成功进入现在单位的。虽然三个对手相较大规模地厮杀完全不值一提，虽然现在单位也并不是门槛多高。但是我相信，如果没有当时那场实习，四个人中，可能被选中的还真不一定就是我。

现在我可能再也不用面临当年的那种困境了，再也不用那么尴尬地出现在那座城市了，我甚至也可以是华润万家里面的那群人，而不是站在外面路灯下失意落魄的那个人了。

就如同写文章，大学的时候本身写得少，文笔稚嫩刻意雕琢，给很多杂志投稿，基本上都石沉大海，更有甚者会回过话来：你这写的这是什么鬼东西！而现在，即使不投稿，总算还是会有断断续续接到约稿的邮件或者豆邮，虽然不算很多，但和那时候比起来，已经是天壤之别了。而这一切，并不是运气好，而是连续不断的写作着，不断的调整写作技巧和方法，不断地看书写字用以练习才得来的。

其实我们很多人都属于最平凡的那一类，没有显赫的家世，没有可堪依赖的背景，甚至也没有光鲜亮丽的学历。我们很大一部分孩子都是出自农村，或者出自工薪阶层，只有极少的一部分家财万贯或者父辈位高权重。

我们说起来，都不是有伞的那群孩子。在雨中，我们能做的，不是等，不是退缩，唯一可以做的，就是奋力奔跑以达目的地。

# 战胜挫折，
# 迎来成功

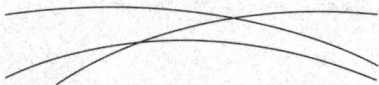

人生的道路曲折漫长，在人的一生中充满着成功与失败、顺境与逆境、幸福与不幸等矛盾。如工作上失败、生活的穷困、家庭的离散、身体的疾病伤残等等。当今青年人所遇到的挫折如竞争失败、恋爱失败、家庭矛盾等。

对挫折我们不能消极地忍耐或回避，而应直面正视人生挫折，积极寻求克服和战胜挫折的有效途径，抚平伤痕，向人生的成功目标奋斗。古今中外一切杰出人物，没有一个是一帆风顺走向成功的。在失败和不幸面前，他们无不是选择了发愤图强之路，一个个奋起与人生的逆境抗争，紧紧扼住命运的咽喉，做生活的强者，通过自己的艰苦奋斗，最终迎得命运的青睐。

第一、有一个正确的挫折观。世界上的一切事物都是相对的，挫折也一样，它能给人以打击，痛苦，它也能使人奋进、成熟。"自古雄才多磨难"，古今中外那些在政治上、科学上、文学艺术对人类作出了较大贡献的人，几乎无不经历过挫折和失败。

第二、战胜"自我"。让我们来看看列宁的一件小事。列宁在一个漆黑的冬夜要越过芬兰边境回国领导革命，在路上，一条冰河横在他面前。河里的冰已经开始融化成许多冰块浮在水面上，踩着冰块过河一点也不能迟疑滞留，否则就可能掉到河里。列宁没有丝毫的胆怯和犹豫，他果断迅速地踏着浮冰很快到达了对岸。

面对浮冰，过河人要么返回原路，要么象列宁那样毫不犹豫地走过河去，但不管你是退缩还是过河，冰河是不会改变的，而改变的应当是过河人自己。看来，挫折的关键在"自我"，要战胜挫折，首先要战胜"自我"。

第三、调整目标。挫折总是跟目标连在一起的，挫折就是自己的行为受阻，心中的目标暂时没有实现。因此，当受到挫折后，要重新衡量一下，目标是否订得过高，是否符合主、客观条件，如果确属目标不切实际而造成挫折，那就要重新调整目标，使自己既定目标符合实际水平。

小品《前边有棵树》里的两个女青年，一生坎坷，遇到了下乡插队、失恋、离婚、下岗等一系列挫折，但她们反复互相鼓励着同一句话："世界上没有值得让你流泪的人和事，值得你流泪的人不希望你哭。"到了老年生活的非常幸福。说明遇到烦心的人和事，只有调整自己的心态，调整奋斗目标，战胜困难，继续前进，才可到达理想的彼岸。

第四、善于摆脱挫折给自己带来的烦恼。遇到挫折而产生了悲观失望的不良情绪，应该采取适当的方式，将不良情绪排泄出去，千万不要把它压在心里。有了烦恼，可以向亲友倾诉，与人闹了矛盾，要及时解开疙瘩，消除误会，工作上碰到困难，要多向领导和同志们请教。甚至，健康的业余爱好，积极的体育活动，甚至在野外大喊几声，都是消除不良情绪的好方法。

第五、把挫折当作"镇静剂"。挫折既是一种"兴奋剂"，它可以激发人的进取心，促使人为改变境遇而奋斗，它能够磨炼人的性格和意志，增强人的创造能力和智慧。同时，挫折也是一种"镇静剂"，它可以使头脑发热的人冷静下来，这对于青年尤其重要。有的青年好自以为是，对善意的批评、忠告、劝诫总是听不进去，那么，我们就可以耐心等待，当他在实践中碰了钉子，他会后悔当初没听大家的话，也许还会感谢你，以后会对你的话加倍注意。

第六、培养良好的个性心理品质。从对挫折容忍力的分析也可以看出，是否具备良好的个性心理品质，对于战胜挫折尤为重要。如果心理品质不良，就会对挫折产生错误的知觉判断，从而增强对挫折的感受性，降低对挫折的耐受性；反之，一个人具备了较优良的个性心理品质，就能充满信心地迎接挫折的挑战，直至完全战胜它。

青年人，要勇于投身到火热的生活激流中，认识"自我"，完善"自我"，形成良好的心态与个性。心态主要是要靠自己静下来好好想想，要冷静地面对，头脑不能发热。遇到挫折应进行冷静分析，从客观、主观、目标、环境、条件等方面找出受挫的原因，采取有效的补救措施。要善于化压力为动力，更要经常保持积极和乐观的态度。要能容忍挫折，学会自我宽慰、心怀坦荡、情绪乐观、发奋图强、满怀信心去争取成功。

何时跌倒何时起，起来重整旧时衣。应该懂得："爬起永远比跌倒多一次"，不要像万荣笑话里说的那个人，早知道第二次还要跌倒，那第一次跌倒就不需要爬起来了。永远都不要认为挫折是坏事，塞翁失马，焉知祸福《淮南子·人间训》中说：住在边塞的一位老人丢了一匹马，人们都来安慰他。

他说：怎么知道就不是福呢？后来，这匹马果然带着一匹好马回来了（比喻坏事也可以变为好事）。受了挫折想想原因，即使一下子想不明白，想多了就会有体会。所有的正反两方面经历都会有收获的。反而如果成功了也可能是不好的事，接着来的是噩梦也是可能的！总之，不要把挫折当做坏事就行了，即使是坏事，坏事也可以变成好事。

要想正确对待挫折，首先要学会正确看待挫折，要有不见棺材不落泪的精神，不要让挫折把握你的感情，你要相信挫折是生活对你的磨练，是你走向成功的一条必经之路。见到挫折不要躲避，你要正确的去面对，在哪里遇到挫折就在哪里爬起来，也就在哪里找到了锻炼的机会。要相信自己的能力与毅力，这是你面对挫折的最好办法。

不要在乎他带给你的失意，要看清你的未来大道的宽广。只要你有的是努力，就会有的是收获，"失败"是成功之母，"挫折"是你收获的最好的果实，你可以从中得到你所想要的经验，这就是挫折的收获。战胜了挫折，说明你在向成功迈进，逃避挫折，挫折会终生缠绕着你，成为你一生的永远摆脱不了的一块心病。

世界上没有一成不变的事物，学会以辩证的观点、发展的眼光看待每个人的变化的。关键是自己有没有信心，希望之桥就是从"信心"开始，如果没有自信心的话，你永远不会有快乐。希望青年朋友们都能结合自己的实际，从中悟出一些道理来，记住并相信这么一条真理：未来不在命运中，而在我们自己的手中。

人生之路，机遇与挑战并存，成功与失败相连。我们所应做的就是善待人生，向往追求成功，但丝毫也不惧怕失败。我们不一定能拥有一个个美丽的风景，但完全可以创造一个美好的心境，以此去努力和追求，那么在我们的前方将会有坦荡的旷野和蔚蓝的天空。

# 如果没有路了，
## 就只能向上飞

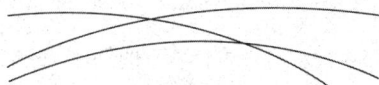

老闫是我大学时的室友兼死党，老闫的名字叫闫龙龑(yan)，一般人都不认识那个"龑"字，连老师一开始点名时也叫他"闫龚"，后来有人就叫他闫龙天。

老闫身材瘦小枯干，但声音浑厚，标准的男中音，班里的女同学都说老闫的声音很有磁性。有着一副好嗓子的老闫却从来没有唱过歌，到底是不会唱，还是不适合唱，我们这么铁的关系都不得而知。

老闫天资聪慧，上高中时就读的是他们地区（后来区划改革叫市）的一高，一个农村的孩子能考上地区一高，应该属于凤毛麟角了，其学习成绩之好可想而知。

按老闫当时的高考成绩，他应该是能上重点大学的。可因为志愿没报好，最后就被财经学院给"收容"了，因此我们才有缘成为了同学。

现在回想起来，四年的大学时光过得太快了，当老闫在我的纪念册上龙飞凤舞地写下"我难长高君难胖，苟高胖，勿相忘！"

的留言后，我们就不得不各奔前程了。

上大学期间，老闫的父亲在花光了家里所有的积蓄并欠下了不少的外债后病逝，母亲也体弱多病，妹妹还在上学。为了早日养家糊口，原本学习成绩很好的老闫没有选择考研，而是选择了就业。经过漫长的等待之后，既没关系又没钱的他被分配到了他们县里的一个乡政府工作。

上班没几年，不知道是因为学经济管理专业的缘故，还是在单位表现良好，或者说是兼而有之，老闫被县里的组织部门相中，提拔到县化肥厂任副厂长。按当时的级别，老闫也算是个副科级干部了。可惜好景不长，随着形势的变化，老闫所在的化肥厂破产倒闭了。

俗话说：福无双至祸不单行。就在这时，母亲与大哥又相继病故，嫂子改嫁，无依无靠的侄子由他抚养，家里的经济状况日渐紧张起来，渐渐就到了捉襟见肘的地步。老闫想重新就业，可一没关系二没经济基础，四处奔波四处碰壁，想找个满意的工作谈何容易。

不甘心的老闫思考再三决定还是打起自己的主意，他萌生了一个大胆的想法。靠着妻子一个人那点儿工资收入，老闫在家里当起了家庭妇男。他一边操持家务、辅导孩子，一边开始自学法律。

闭门苦读了两年之后，老闫重新收拾笔墨纸砚，踌躇满志地再下考场。幸运也好，实力也罢，财经学院毕业的老闫同学竟然一次闯关成功，考取了连很多法律专业毕业的人都难考取的律师资格证。

老闫的好嗓子这下终于派上了用场，律师不但需要熟悉法律知识，还需要有好嗓子、好口才。在律师这个行当里，老闫干得是得心应手、风生水起。他先是挂靠在别人的律师事务所，等磨砺得翅膀硬了就毅然单飞，创办了自己的事务所。

现在的老闫在他们那地儿的法律界已是个小有名气的角色了，各种案子应接不暇，天南海北地到处乱跑，几乎全班所有的同学那里他都造访过，惬意得很。

我们都很羡慕老闫的勇气与成功，而对于自己的际遇，老闫却是这样认为的：人都有随遇而安、得过且过的惰性，如果不是被逼到了四面绝境的地步，是绝不会想到还能向上飞的！

我们这些仍在机关里浑浑噩噩打发日子的人，对老闫的这句话深有同感。大学其实只不过给了我们一纸文凭，而每个人脚下的路还得靠自己一步一步去走，无路可走了，就只有向上飞。

# 分外事，
# 也是你的事

20 世纪 80 年代末，一个在美国留学的中国小伙子进入了微软公司做了一名普通的经理秘书，这份工作说好听了叫秘书，说现实一点其实就是打杂，专做一些整理文件、打印材料之类的琐事。

这样的工作单调而乏味，公司里很多从事和他同类工作的人都觉得无所谓，差不多能把工作混过去就算了。可这个中国小伙子却总是一丝不苟地完成着每一项任务，不仅如此，如果发现有同事因为偷懒或粗心做漏了一些事情，他也会主动地去帮忙。那些美国年轻人看这个中国小伙子这么"笨"，就经常出于一种欺侮他的心态把自己的工作推给他去做。

在公司里做了一年的秘书后，这个中国小伙子发现公司的很多文件中都存在问题，甚至在经营运作方面也存在不少疏漏。虽然同事们对这些问题视而不见，但他却主动挑起了这些任务：每天除了做好自己的分内事之外，还会主动地搜集资料，并进行分类整理和数据分析，然后以此为基点写出自己的建议和想法。有时候，为了弄清一些复杂的概念，他还经常去图书馆查阅资料或者请教专家……

就这样工作了一年后，这个中国小伙子已经整理出了厚厚一叠的运行分析和发展见解，最后他把这份报告交给了分部经理，经理随手翻了翻后，惊讶得说不出话来，连忙将其做为一份"珍贵资料"呈给了总裁比尔·盖茨。比尔·盖茨详细阅读了这份资料后，同样也被里面的内容深深吸引，马上叫人把那个中国小伙子请进了自己的办公室……

几天后，比尔·盖茨就决定将这个中国小伙子升为部门经理，并让他领导公司的其他骨干人员一起仔细研究这份材料，查漏补缺，制定出更加完善的策略。也就是在此期间，这个中国小伙子还为公司发明了微软关键字服务平台，进一步保障和推动了微软公司的发展以及业务效益，而这个中国小伙子也就凭着这份"多做一点分外事"的精神，在微软公司里步步高升！

没错，他就是后来在微软公司担任首席部门经理长达 10 年之久的唐朝晖，为微软公司的全球发展立下了汗马功劳；2006 年，唐朝晖回北京创办了艾德思奇数字营销公司并亲任 CEO，又是短短 10 年时间，唐朝晖就把艾德思奇打造成了一家拥有超过 400 名专业员工，在中美两国都设有多家办事处的行业领导者，其尖端软件和服务更是遍及世界各地。

"面对分外事，很多人会以各种理由去推脱，但事实上我这个 CEO 就是从分外事里练就出来的，所以我们不应该把分外事当成是额外的付出，而应该快乐积极地面对它，最终你会发现多做分外事其实是在提高你自己的竞争力，创造原本不会降临到自己身上的大机遇！"在前不久一个大学生就业论坛上，唐朝晖对大学生们这样深有感触地说。

# 年轻，就应该坚持

　　他，是一名很普通的大学毕业生，几个月前还在为了保住实习期的工作而伤透脑筋。然而现在，他却成为公司里无人不知的公众人物。2014 年 4 月，他负责设计研发的智能手机配件"智键"，首轮发售便获得在 10 分钟内售出 10 万枚的惊人成绩。他就是车向阳，一个 90 后的产品经理。

　　上大学时的一天，车向阳听说一家知名科技公司正在附近开设招聘会，他便和几位同学一起去应聘。可是，他们投过去的简历就如石沉大海，过去很久都没有收到任何回复。因为他们应聘的公司很著名，所以同学们对成功应聘并没有太高期望，大家很快就忘记了这次应聘。然而，车向阳却一直没有放弃进入这家公司工作的念头。

　　一天，车向阳通过网络搜索，找到了这家公司招聘部门的微博、微信等网络账号，他便开始每天坚持与这些账号进行互动，参加这些账号公布的一些活动。虽然车向阳也不知道这样做会不会有效果，但还是几个月如一日地执着坚持下来，终于，坚持得到了回报，他通过微信获得了这家公司的实习机会。

刚开始实习，车向阳就马上发现公司里比他优秀的人才实在太多，而实习转正比例又低，所以他感觉到自己实习结束能留下来的概率十分渺茫。但是车向阳并没有因此而气馁，他不想让努力争取到的实习机会白白浪费。

公司里有一项不限参加人员的产品设计比赛，而在比赛中得到好评的产品就会得到公司的支持成立项目组，最新一次比赛将会在不久后开幕。车向阳得知这个消息后非常高兴：如果能在这项比赛中获得成绩，就肯定能够留住工作！于是车向阳在第一时间报名参赛。可是报完名后，车向阳突然发现自己只不过是个刚刚大学毕业的实习生，对设计产品没有任何经验。

时间一天天过去，已经有同事做好产品图纸与模型的设计了，车向阳却还在为了用什么样的作品参赛而发愁。车向阳的脑中一直有着这样一个概念：设计一款在生活中给予人们很大帮助的产品。因此他想了很多方案，但都让他感觉到以现有的能力与资源根本无法实现，保住工作的希望正离他越来越远。

一天早晨，车向阳和往常一样乘地铁上班，他想利用这点空闲时间看看新闻。但是早晨的地铁格外拥挤，车向阳费了很大力气才从口袋里掏出手机，还要解锁屏幕，输入密码后打开应用才可以看到新闻。平时很简单的几步操作，在这个拥挤的环境里却变得异常麻烦，他心想着如果掏出手机就能立即看到新闻多方便。正是这样的灵光乍现，让车向阳终于知道了自己应该设计的产品。

车向阳回到公司立即开始着手设计。如果不通过解锁、输入密码、点击应用这几步操作而直接打开用户需要的应用，就需要在手机上设置一个便捷开关。电源键、音量键自身就有很重要的作用，无法直接拿来使用。充电接口的使用会很频繁，不适合外接设备。所以只剩下耳机接口适合长期外接其他开关设备。

于是，车向阳花了几天时间设计出使用耳机接口的开关设备方案，又通过淘宝买了很多耳机、开关等材料，还找到修电脑的店铺帮助焊接、切割。两周后，第一枚"智键"终于在一堆废品之中诞生了。然而，同事们都觉得"智键"很不起眼，劝他不要拿来在大赛上丢脸。车向阳没有理会同事们的嘲笑，他继续花了几天时间编写出配合"智键"使用的手机应用。

令同事们大吃一惊的是，比赛那天，"智键"成了唯一受到公司 CEO 大力表扬的作品。车向阳不仅保住了自己的工作，还被任命为项目经理，领导一支研发团队。公司 CEO 在年会时还点名表扬了"智键"与车向阳：别人只是有设计方案的演示，车向阳却带来了实际的产品；别人的设计方案虽然很美，但是却不切实际、难以实现，车向阳的产品很廉价，但正是因为廉价而极易实现，制造成本低，获取用户的成本低，将会成为获得用户的一个新入口，潜力巨大。

正式发售后，"智键"在每一轮的抢购中都创造了10万枚设备在10分钟内卖光的骄人成绩，车向阳也因此被很多人认识。在一次和用户微博互动中，有粉丝问车向阳怎样能这么年轻就获得产品经理职位，车向阳说："在公司里，我就像一棵小草那样平凡，所以我所做的就是像小草那样，抛弃一切顾虑，来一次青春的野蛮生长。"

青春需要一次野蛮生长，车向阳用他的经历告诉我们：想要获得成功，就要抛弃一切顾虑、承受所有嘲讽，坚持自己的目标，成就人生的野蛮生长。

# 失败的原因
# 是：不喜欢

　　他是个渴望成功的年轻人，1996年大学快毕业时，他带着几个同学成立了一家计算机公司，准备在IT行业大干一番，但没想到的是，由于缺乏技术和经验，公司仅开了一年就倒闭了，为此他还背上了20万元的债务。

　　残酷的现实像一盆无情的冷水将踌躇满志的他浇了个透心凉，心灰意冷的他把公司剩下的一些装备给了另外两个同事，自己却背起背包，独自去了西藏、青海等地，用行走的方式排遣内心的苦闷，梳理心情。

　　这天，他来到了距青海湖不远的一座小城。傍晚时分，天空彩霞满天，他携一身风尘踽踽行走在街上，这时一个酿皮摊引起了他的注意。酿皮是青海地区的特色小吃，经营这个酿皮摊的是一个老者，此时街上行人不多，老者闲闲地坐在摊边，一脸和蔼地看着走过的路人。饥肠辘辘的他被老者摊上的蒸酿皮吸引住了，于是来到老者的摊前，要了碗酿皮就狼吞虎咽地吃起来。

　　吃完了，他并不急着离开，而是跟这个老者攀谈起来。这个老者似乎也很善解人意，看到他是个彬彬有礼的外乡人，于是也饶有兴致地跟他聊起天来。

老者问："年轻人，看你的样子，好像有什么不开心的事，能说说你为什么要一个人千里迢迢地来这里旅行吗？"那时候，各地自助旅行的"背包客"还很少见。

见老者一脸诚恳，他想，反正自己也是来排遣排遣心情的，跟老者说说也无妨。于是就把自己创业失败，并欠下一大笔债务的事情跟老者说了。

听了他的讲述，老者沉思了一下，然后和蔼地问他："你想过你失败的原因是什么吗？"

"失败的原因？这太明显不过了，不就是经验不足，缺乏技术吗？"他不假思索地说。

"那么，你喜欢干这一行吗？""喜欢？"他愣了一下，挠挠头想了想，说："喜欢……好像也谈不上吧。成立公司时主要是看到计算机这一行业是时代发展的趋势，就想着做个'弄潮儿'，赚一大笔钱。"他掏肝掏肺地说，"不过，我很辛苦地加班加点，公司的运转却每况愈下……"

"年轻人，你失败的症结也许就在这里，"老者打断他的话，语重心长地说："如果你不是发自内心喜欢上这一行业，那么不管你怎样努力，结果总会事倍功半，失败在所难免。退一步说，就算你侥幸取得了成功，成功也是很肤浅的。记住，叫醒成功的永远是发自内心的深深的喜欢。"

叫醒成功的永远是发自内心的深深的喜欢！听了老者这句话，他愣住了：是啊，尽管自己整整努力了一年，却从未问过自己：喜欢这份事业吗？他又不禁想起，在开电脑公司的那段时间里，尽管自己没日没夜拼命努力，却没有尝到丝毫为理想拼搏的喜悦。技术不够，他咬着牙像学生时代被逼着做自己不喜欢的科目一样攻关，往往弄得焦头烂额；经营公司的各种流程和理念，他边学边做，但由于缺乏兴趣，往往处于被动局面，永远比竞争对手慢几拍，更甭提什么开拓和创新了……

细细咀嚼老者的话，他犹如醍醐灌顶，原来，自己失败的原因归根结底就在于三个字：不喜欢！几个月来缠绕在他心中的那个结一下子解开了。他再三谢过老者，第二天便踏上了返家的路途。

回到北京后，他跟自己进行了一次心灵的对话，决定开一家户外用品专卖店，因为经过几个月的行走，他发现自己已经深深喜欢上了户外运动，而他注意到，国内相关的市场还是一片空白，潜藏着巨大的商机。如果说做自己喜欢的事情，还能从中赚取利润，这无疑是一个绝佳的机会。后来，他在北大小东门开了个小小的户外用品店，一边经营一边组织户外运动爱好者旅游行走，向快乐进发。如今他的专营店遍布全国各地，成为户外用品零售业的老大，年营业额达十多亿元，他就是三夫户外创始人张恒。

叫醒成功的是什么？如果仅仅只是勤奋，那么成功也是苦涩的。如果叫醒成功的是你发自内心深深的喜欢，那么你终将成就一番甜蜜的事业。

# 只有不怕输，才能不会输

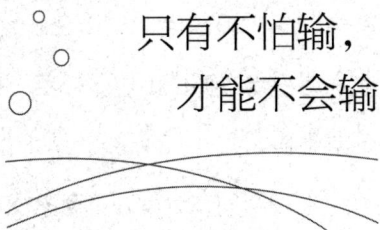

在上海徐虹中路一个像机关一样的院子里，"一起唱"的团队在一栋灰旧的楼里办公。这栋楼的一楼正在装修，堆满了杂乱的施工材料；陈旧的电梯设在一个不起眼的角落。你很难想到，这里驻扎了一个150人的互联网创业团队，并且他们做的产品还称得上新锐，很可能颠覆KTV的玩法。

问及创始人尹桑心目中的青年标签，他一秒都没犹豫："有梦想，无畏惧，肯坚持。人如果没有梦想，哪怕你是00后，也不算青年。今后的创业路存在无数种可能，无论结果怎样，我对自己就一个要求——把梦做到底。"

尹桑的梦想种子是在书里发芽的。小时候，因为父母都是医生，常常忙得顾不上陪尹桑，就将一大摞书搁在他面前："好好看，看得越多，你的本事越大。"儿时的尹桑，对书有一种特别的痴迷。读一年级时他便捧着《三国演义》《红楼梦》看得入迷，三年级那年的假期，他"啃"完了厚厚的《100个名人的童年故事》。

高中一年级，因成绩优秀，尹桑被高中生美国交流项目选中，赴美深造。2010 年，他以全额奖学金被美国波士顿宾利商学院录取，从小立志要像比尔·盖茨一样"改变世界"的他，特意选择了创业学。

在校期间，尹桑开了两家公司，第一个是做本地家政 O2O，把墨西哥黑人大妈送到学生宿舍清扫 Party 后的残留物；第二个是生活用品配送，把大超市一些价格极其低廉的东西送到宿舍。两次试水，令尹桑深信互联网 O2O 模式大有可为。简单来说，你会发现你的生活和 10 年前相比是天翻地覆的，通过手机可以做各种事：打车、订酒店、买东西……但所有的线下消费，唱歌、电影、按摩、健身……和 10 年前甚至 100 年前几乎是没有区别的。

但美国人大多数喜欢宅在家里，线下消费难以推广，而中国则不同，KTV、酒吧、桌游吧等线下消费市场十分蓬勃，可以被移动互联网改造的空间巨大，不失为发展 O2O 的热土，不想错过商机，大二那年暑假，尹桑卖掉了自己的两家公司，带着一笔不菲的原始积累，中断学业，回国创业。他一人跑遍南京所有KTV，最终签下团购协议。一天谈四五家，经常见不到店长，每次一等就是几个小时。在这个时代，梦想并不稀缺，稀缺的是对梦想的明晰和坚持。今天追逐这个梦想，明天追逐那个梦想；身临顺境便梦想爆棚，遭遇挫折就举手投降。不少人的梦想，变得虚幻而朦胧。对尹桑来说，梦想却是一个实实在在、清清楚楚的存在。

2012年6月，尹桑创立了"一起唱"APP，希望改变人们在线下进KTV唱歌的传统体验，用移动终端把KTV变成一个社交大空间，打通隔断，消融陌生，让大家"一起唱"。

当很多自认为成熟的人对他的这个"梦想"呵呵一笑或是冷嘲热讽时，这位90后创业者没有回应，而是带着团队到一家一家KTV推广，到一个又一个城市跑市场。跑到年底，终于跑出了名堂。在北京的一家酒店，尹桑第一次见到IDC（美国国际数据集团）的投资人李丰。虽然素不相识，但尹桑认出他后，便走过去毛遂自荐，用5分钟时间，把自己的商业模式讲了个一清二楚。"你不用找别人了，我会投的。"李丰拍板。幸福来得有点突然，这笔走廊里拉来的500万元风投资金，让尹桑成了国内第一个获得商业投资的90后。

截至去年年底，"一起唱"共接受了三轮融资，公司估值已过亿元，员工人数也迅速翻倍。"年轻人不怕输就不会输"，这是尹桑的宣言。梦想不可能一帆风顺，遭遇质疑的梦想往往才是真正有价值的。同样，"创业不能太舒服，有退路的创业肯定不行。"身价飙升的他，给自己做了不太一样的"人生选择"：这辈子不买车不买房，也不拿一分钱工资。因为"只有全身心投入，把我所有的时间、精力、金钱全都投入到一件事情上，才会出成果"。

# 做独一无二的自己，
# 别老是想成为别人

[ 1 ]

我们有多渴望成功，就有多害怕失败。与人聊天的时候，我最怕聊到最后，对方忽然问一句，我是不是很失败。我总是不知道怎么回答。

究竟什么样的人生算是失败？错过了不该错过的人，卖掉了接连涨停的股票，年过 30 尚未婚配等等，听上去好像都与失败有关，但肯定用不上失败这么严重的词，顶多算是暂时的不如意。

这样说来，真正能担得起失败这个词的人，其实并不多。是的，不多，但有时候，也许就是你我他。

作为一名恐飞症患者，有一段时间，我特别羡慕那些在路上的人，看台湾演员张震的采访，印象最深的不是说他怎么演好一个角色，而是他喜欢去欧美尚未开发旅游的偏远小镇，小镇上的人也许一辈子都没有见过东方面孔。

做第一个踏上某片土地的中国人，感觉一定很好，我也想成为这样的人。

所以我努力克服自己的恐飞，还在微博里关注了一个南航机长，经常向他询问飞机安全知识。但这些其实都没什么用，坐一次飞机像经历了一个世纪的痛苦，只有恐飞的人才明白。马航事故以后，我彻底放弃了世界那么大，我想去看看的想法。

别人做起来无比轻松的事，到你头上就比登天还难，这是一件无处讲理的事。

[ 2 ]

我们经常说要努力啊，但显然不是所有的事都值得去努力，尤其当我们的出发点仅仅是别人有，而我们无。

一个朋友最近在纠结要不要生二胎。她身体比较弱，生第一个孩子的时候大出血，下了病危通知书，加上孩子身体不好，家里经济条件一般，好不容易把孩子磨到三岁，实实在在想松口气。不幸的是，她发现办公室里的适龄辣妈们都开始生二胎了。

她说她其实不想生，但觉得别人都生了，她不生，显得不够成功。"现在成功的标准不就是有二个孩子吗，最好还一儿一女。"

我不知道这个成功的标准是谁定的，但我可以肯定，如果一个人，因为别人都有，所以她也要有，她对于成功的评判标准一定是可疑的，她不知道自己是谁，需要什么，才会想要跟别人一样。

跟别人一样，就是一种攀比心，它是现代人焦虑感的主要来源。

我们很容易了解到自己的痛、弱、苦等不够光彩的一面，却很难全面地了解别人，所以经常会觉得别人所拥有的，正是我们所没有的。一个职场辣妈，出得厅堂入得厨房，有 A4 腰，马甲线，每天都是美美地。在厨房忙得灰头土脸的我们，看到她的状态，立刻忘了做饭其实也能修身养性，炒菜的时候扭动腰肢同样可以锻炼自己身上那些聪明的肌肉，而是跑去恶狠狠地办了包一年的美容卡，包两年的健身卡，结果根本没时间去，怒气很容易又被转移到了工作与家人身上，甚至家庭出身——瞧，我就是这么不幸，所以不能像别人那么完美。

可是，这样一个循环下来，我们并没有成为更好的自己，更不会变成别人，而是成了一个焦虑、敏感、抱怨的自己。

[ 3 ]

别人身上的优点，当然应该学习。一个总是把自己打扮得漂亮的职场女性，我们可以学习她的穿衣之道，看看有什么办法在五分钟之内化一个上班妆。

然而，她的 A4 腰可能是天生的，她所谓的轻轻松松搞定一切，背后可能有一个无比强大的亲友团的支持，她穿西装气场强大，因为身高足有 168 厘米，甚至她可能就是比我们的运气更好，后面这些，是她的，而不是你的，是你没必要去努力、也肯定努力不来的。

我们每天忙忙碌碌，有多少事情是自己真正想要、喜欢或者应该做的；我们对自己的不满意，有多少是真正有必要改变与提升，有多少仅仅因为别人都在改变或者别人似乎比我们更好？

当我们期待改变自己的时候，是从每一件小事踏踏实实做起，一步步变成更好的自己，还是每天刷着那些比自己优秀的朋友的微信朋友圈，心里一万个声音在问，凭什么是他？

不要把成功想得太伟大，也不要把失败想得太可怕。绝大多数的我们，其实都可以幸运地过着不怎么成功，却绝不失败的人生。有自己的小出路、小幸福、小快乐，没有大富大贵，却有平平安安，没有惊心动魄，却是有惊无险。

我们没有成为画家、音乐家、作家，却也可以沉下心来画几笔，唱几首，写几句；我们不是伟大的父亲母亲，可是在自己的孩子心目中，就是最好的爸爸妈妈。

在我眼里，世界上有千万种成功，却只有一种失败，那就是总想活成别人那样。一个人如果要做自己，首先要认清自己。

认清自己的种种局限与不足，懒惰与无能。其实每个人都有这样的时刻，只是别人的，你看不到罢了。

# 需要的
# 只是空间

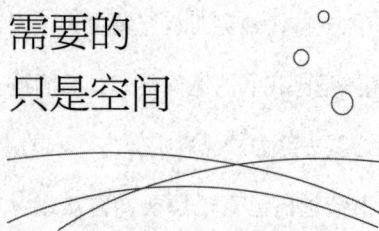

大学毕业以后，我和伟明、小峰同时被毕业前的实习单位——广州一家知名度较高的航空货运公司点名要了去。

半年后，伟明和小峰除了专业知识表现突出，其他表现像在学校时一样平平，但却相继得到了重用。而在校是班干部又兼校报主编的我竟然止步未前，还停留在原来的待遇上。更让我不得其解的是，老总总是让我不断地更换工作，从配货部，到接货部，到查询部，几乎是2月一换。我耳边断断续续传来同事间的传闻。总的意思是说，我这也干不好，那也干不好，在这家公司一直找不到合适的位置给我。我听了，心里很不是滋味。因为，在任何部门，我都是努力且尽心的，但老总总是在我刚刚进入角色的时候，就把我调到了其他岗位。

尽管我在心里揣有疑问，但我始终相信，我是个很优秀的人，只不过老总尚未发现罢了。为了体现自己的珍珠本色，在工作上，我总是兢兢业业地做好每一件事，对待办公室诸如夹报纸、倒垃圾等工作一直乐此不疲地做着。

在客户查询部的时候，两个月一直都是我坚守岗位到零点。受理客户投诉的时候，我总是不厌其烦地给予解释，虚心听取客户的意见，并作纪录。对于一些确实能够改进工作的建议，我会及时呈报给主管。有一次，还差几分钟，就到了下班的时间，宁波的一个客户打来电话，说发货人说有三件货，问为何提货时只有两件。我要他稍等，我查清楚后，回电话给他。放下电话，我立即翻查了货运记录，发现这单号 NB16072 的货单上确实是三件货，为何变成了两件呢？我打电话到装配部的时候，他们都已下班了。

得知他们在公司附近的一家餐厅吃夜宵时，我马不停蹄地赶了去。当班的主管却告诉我，那张单是早班装配的。具体情况，他不清楚。找到早班装配主管，终于得知了答案：在打包时，把两件体积较小的货给打到一起了！这就是 3 变 2 的原因。我打电话给客户解释完毕已经夜里一点多了。客户很客气地表示了歉意，我说是我们工作时的疏忽造成了您不应该有的疑问，在以后的工作中，我们将努力改善服务。任何一个投诉客户在我那里总能找到上帝的感觉，我的耐心和热情让他们相信我们是真诚的，公司是可信赖的。特别是服务型企业，工作人员的服务态度直接影响到以后的合作。

我刚到查询部的时候，公司经常有货件不能及时到位而引起的投诉。那天上午，有一客户交货时，再三声明，这是急件，必须于次日中午 12 点前到位，否则将有无法预算的损失。公司接下了这件货，也就等于接受了客户的要求。然而在当晚 8 时才得知，虽然经过多次协调，但这件加急货后来还是因为货舱紧张被海航公司拿下了。我即刻致电海航货运部请求退货，然后和南方航空公司联系，赶当晚 10 点 10 分航班，中途转机。这样，虽然经过几个周转，但货最终于次日上午 11 点 10 分到了到货站，客户及时接到了货，这以后我就把条弯路但一样可行的工作方法，推荐给其他同事，不久这类投诉渐渐少了，几乎没有什么货出现意外了。

老总惊喜地看到了这一变化。对于一个货运部门，没有比解决这一类投诉更重要了，而我的方法只不过是自己多麻烦一点而已。不久，公司成立了快递部，在查询部刚刚得心应手的我又出乎意料地被派往快递部。主管说这是老总点名指定的。而且，过去就成了一把手——快递部主管的位置。

在入职新部门的当晚，老总第一次把我请进了他的办公室。他说："当初你来本公司实习的时候，你较高的综合素质让我对你刮目相看。在我们这个大公司，一个复合型的管理人才比专业知识优秀的人才更难得，实习的时候，我注意到你在日常工作中总是多做一些不是自己分内的工作，而且，能够把部门的每个人的积极性给充分调动起来，这就是我不断给你换部门的最直接原因。我要让你的精神在公司里发扬光大，让你健康向上的工作作风感染公司每一个人。还有，我想让你有机会全面地了解公司运作，因为，我需要一个像你这样的助手。"老总顿了顿，问我："你明白我的意思吗？"

我点头。想到了入职以来的种种经历，突然间发现，其实我已经熟悉了整个物流公司的运作流程！

"那就好，你目前的工作只是为你以后的工作打基础，你那两个同学的专业知识技能可能比你精湛，但他们只能是一名合格的，或者是优秀的员工，我给了他们较好的环境和待遇，而给了你宽大的发展空间，如果你真有那么几把刷子的话，我只需要给你足够的空间，然后你自己尽情发挥……"是的，如果一个人真有那么几把刷子的话，就该脚踏实地干好本职工作。相信机遇会有的，只是，只是对那些有几把刷子的人，总是要多等一会儿……

# 穷极一生，
# 做不完一场梦

"你在南方的艳阳里，大雪纷飞，我在北方的寒夜里，四季如春，如果天黑之前来得及，我要忘了你的眼睛。穷极一生，做不完一场梦，大梦初醒荒唐了一生。南山南，北秋悲……"这首被"中国好声音"歌手张磊一夜唱红而风靡大江南北的《南山南》，竟是 1989 年出生的"民谣小鲜肉"马頔创作的。马頔总嫌自己的歌不够"大调"，"矫情"的成分过多，认为自己有点"小众"。

或许是"小众"的马頔更容易被人记起。成名后，成千上万的网友，在网上、音乐节、朋友圈转发中贴出了马頔的头像，并将之作为一个 logo 贴在自己的审美趣味上，名曰"小众"，暗寓品位，以区别于他人。正如"頔"（读音同"笛"）字的孤独，只用于古人名，不与任何字组词。

除了名字与他人"与众不同"外，马頔与他人真的没有什么两样。未成名前，马頔是天津某高校物流管理专业毕业的一名年轻人，在北京某国企做着"朝九晚五"的工作。高三开始学钢琴，业余时间玩音乐，参加过天津大学生音乐节的演出。爱上豆瓣，常把脑中闪过的灵光、生活中流过的丝丝情绪化作一行行喃喃地句子，简直一个典型的文青。

2011年，马頔在豆瓣组织起了一个名叫"麻油叶"的民谣音乐厂牌。"麻油叶"多么"小众"的名字，但他很乐意，毕竟是自己的姓名拆分来的"马由页"的谐音。"麻油叶"里的发起人分别为马頔、宋冬野及尧十三，最有建树的，就数马頔了。但马頔在介绍这两位朋友时，却是这样描述的：宋冬野俗称宋胖子，"海跑"的海淀走读大学毕业，日后以《董小姐》为大众追捧；一个来自贵州毕节织金，"麻油叶"里音乐最具个性的一个，以方言唱民谣，俘获柴静级别的歌迷，亦是《南山南》的编曲。对于自己的评价，他却很小气："有什么好提的呢？如果没有这些朋友的帮助，我能走到今天吗？"

"麻油叶"豆瓣小站的签名，要"在这个浮躁的年代"，"把内心所有的美好和纯洁展露无遗"。它不是汪峰歌里"我要飞得更高"的励志，它是"麻油叶"的至情至性、年轻敏感和入骨的哀愁与孤独。马頔每次LiveHouse演出都会爆棚，80后、90后当下的哀愁需要吟咏、性情需要释放，这是马頔受众的基础。

《南山南》《凝而忧》《棺木》《咬之歌》《海咪咪小姐》，包括他满意的《孤鸟的歌》，都是那些日子的馈赠。最初几年里遭遇的窘迫、坚持，借用《南山南》的歌词概括，只因"穷极一生，做不完一场梦"。

　　初始的"麻油叶"曾为一次400元的演出费激动不已，因为音乐并不能带来即刻的丰厚回报，在穷困潦倒的时候马頔学会了坚持。他说如果仅仅只为了物质而去喜欢某一种东西的话，对音乐的追求，我不可能坚持到今天，也不可能取得这样的成绩！

　　2013年是马頔成为专职歌手的一年，他签约了摩登天空。摩登天空是成就歌手的地方，先后举办过2007年的摩登天空音乐节、2009年的草莓音乐节以及此后各地此起彼伏的各色音乐节，吸引了四面八方以音乐区分审美的文青受众。这让马頔从默默无闻的音乐孩子，成为了代表"小众音乐"的马頔。出专辑、全国巡演、千张LiveHouse的专场门票瞬间售罄，从最开始的几个观众到粉丝陡涨，马頔迎来音乐的春天。

　　谈到《南山南》这首歌的创作灵感时，马頔的回答也很"小众"：这首歌前后大概写了三年。歌词就是这三年间经历的所有事情的概括。而这首歌的曲子，则来源于他日常练琴时随便哼的一个旋律，马頔将自己原来所写的契合这首曲子的词填上去之后，便成了现在所听到的《南山南》。

　　《南山南》是由马頔作词作曲，也是他第一首正式发表的单曲，于2014年9月26日通过网易云音乐首播，并收录在其2014年11月6日发行的专辑《孤岛》中。2015年2月2日，豆瓣音乐人公布了第四届阿比鹿音乐奖获奖名单，《南山南》获得年度民谣单曲。

从一个默默文青到知名的音乐人，幸运的是马頔找到了人生中一个属于自己的点——只唱自己的真实生活在内心的投射，20岁唱矫情的孤独，不唱自己不理解、不认同、超出经验的东西。歌为心声，这大概才最接近音乐的本质，也大概是马頔由"小众"成为"大众"的直接原因。

# 今天的便利店，
# 明天就是一座宝藏

有一个韩国男孩，两次参加高考，两次落榜。万念俱灰之际，想起有人说他长了一张明星脸，可以去演艺圈试试。通过自己的努力，他进入了一家电影公司，从幕后做起。

他先后就职于企划室、演出部、制作部，渐渐地对电影有了深入认识。一晃两年过去了，他忍不住再次找到老板："我要演戏，哪怕跑跑龙套。"老板没有答应，理由是他不懂得表演。他心里明白，其实是不给机会，因为竞争太激烈了，还轮不到他。他意识到，与其无谓地空等下去，还不如边"充电"边等待。恰好一位朋友认识演艺培训班的人，人家答应让他旁听。进入培训班后，他是学习最刻苦的一个，经常练习到深夜。母亲心疼他，觉得他每天熬夜却赚不到钱，劝他不如放弃算了。他安慰母亲，说已经有人联系他拍戏了，但他还没做好准备，所以婉拒了。然而真实的情况是，不少同学陆续接到演戏合约，只有他一直无人问津。不久，培训班因为经营不善被迫关门，众人纷纷散去，唯独他仍然在空荡荡的练习室内，每天揣摩、练习着不同角色。有一天，他跟一个功夫很好的朋友练习武术，摔得鼻青脸肿，朋友不解地问："你进入这个行业时间也不短了，连个小配角也没演过，还这么拼命干嘛？"他坚定地回答："这条路是我自己选的，我要对自己的选择负责。""可你能等来机会吗？"他沉吟片刻，说："我没有什么背景，机会于我真的很难得。所以，我必须做一个像便利商店的人，能够随时做到导演所要的，这样才不怕等不到机会。"多年后的今天，他成了亚洲最具人气的明星，他叫裴勇俊。"做个像便利店一样的人"，成了他面对媒体时常念叨的座右铭。

有一位中国男孩，早年随亲戚到美国留学，接触到许多成功者的资讯，心中萌生出一股想成功的欲望。于是，从 16 岁开始，他不断地尝试去做各项工作，做过餐厅服务生、卖过净水器、汽车、皮肤保养品、电话卡、超级市场折价券、巧克力批发、邮购等 18 项工作。尽管不断失败，他却依然不断思索、不断尝试。到 21 岁时，他的银行存款金额是 0 元。然而，他的阅历和磨炼已经让他像便利店一样，随时等待某个平台的召唤。后来，一家大公司招聘销售人员，他对各个行业的熟悉和对各类人群心理的洞悉，令他在众多竞争者中脱颖而出。而他，8 个月后也用最佳销售业绩证明了自己的价值。他就是后来蜚声国际的成功学大师陈安之，他的著作《自己就是一座宝藏》，畅销全球，改变了很多人的生活。

都说机会是留给有准备的人，初入职场的年轻人，该准备什么呢？或许，以上两位成功者的人生道路，会对我们有所启示：脚踏实地地从最基本的工作做起，在磨砺中把自己的知识和才干积累得像便利店一样，而便利店是最容易招揽到机会的。要知道，今天的便利店，明天就是一座宝藏。

# 3 别忘了，你也是会发光的

我们要在安静中，不慌不忙地坚强

梦想在你心里，
在你背上，在你脚下，
但总有一天会和你融为一体，
任你成为它的主宰，
而你要做的，只是用心带着它。

# 别忘了，你也是会发光的

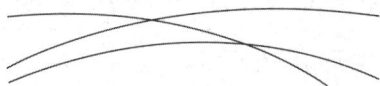

"我们终会遇见想要的未来。"有很长一段时间，我虽然并不知道这个"未来"是什么状态，无法把它具象化，但只要梦想不抛弃我，我就不会先背弃它。

只是，在与梦想同行的途中，总会遇见这样一段时光，逼仄黑暗，孤独无依，你停下来想要靠一靠，歇一歇，释放心中的疲惫。这一刻，你会无助，你会茫然，像个走迷宫的孩子，完全不知道下一个出口在哪里，可你还要提着一口气站起来、走下去。你明白，如果这一刻放弃了，也许就再也遇不到那个想象中的未来了。

2012 年，大三暑假，我一个人住在北京的地下室里，窄小的房间仅仅容得下一张床。一个趔趄，就能栽倒在床上。刚入住的时候，各种不适应，却还是自我打趣，看，多好，进门就可以睡觉了。闷热的夏天，空气却是湿漉漉的，要滴出水来，洗过的衣服，无处晾晒，只能搁在阴凉的空气里。

为了能够挣到下一季度的生活费，我在南锣鼓巷的一家冷饮店里打工。二十出头的女孩子，有着五彩斑斓的愿景，即便日日都要站立十几个小时，时常加班到零点，也不觉得累，一味地沉浸在京城的新鲜气儿里。有老外来买东西，我会积极地用不太熟练的口语跟他们打招呼，还喜滋滋地想，学了这么多年的哑巴英语，终于可以发声了。

这一切都令我欣喜。然而，这欣喜太过短暂，仅仅持续了一个星期。高强度的工作让我变成了霜打的茄子，日复一日地重复着机械而琐碎的动作，令人心生烦躁。正赶上北京的雨季，我就站在柜台后面，看着雨丝打过老槐树的叶子，扑簌簌地落一地，很文艺地想起古诗里的句子"落花人独立，微雨燕双飞"。会想起日间那些摇着蒲扇在胡同里行走的人，他们悠闲的姿态中，没有旅人的匆忙和新奇，有的只是对这个城市的熟悉和释然。我看着他们，试图窥到那一丝丝的归属感。

可是，归属感是他们的。我有的，只是做不完的工作。我感到浓浓的倦意，在日记本上写下归家的日期，一天天掰着指头数日子。就在那样的境况下，我遇到了 L 姐姐，她比我晚两周应聘到这家冷饮店，做的是兼职。她工作上手很快，而且动作迅速麻利，只是整个人经常显出精气神不足的样子，偶尔有个小间隙，都会闭上眼睛歇息。后来，我才知道，她每天要做三份工作，早晨四点钟起来送报纸，上午在超市收银，下午在冷饮店站岗，每一份工作都收入微薄，但每一份工作都做得极其认真。

用她的话说，这是赖以生存的命脉，怎能不认真对待呢？

我问她，为啥要这么辛苦？

她微微地笑了，趁年轻，多挣点钱，给孩子攒点上学的费用，以后干不动了，就回老家。提起孩子的时候，她的眼睛里满是柔情，那是一个母亲特有的情愫。

那一晚，恰逢大雨，L姐姐下早班，骑电动车回去，没有带雨具，我把雨伞借给她。她笑着推过，说拿着不方便，说罢起身从仓库里找了两个黑色的大塑料袋，包裹在身上，整个人像个黑色的大粽子，只露出一双忽闪忽闪的眼睛，冲着我笑。

我也笑了，却在她的背影没入雨中的那一刻，心底尘土飞扬。偌大的北京，承载了无数人的梦想，L姐姐是其中一个，他们在底层挣扎，在通往梦想的路上栉风沐雨，却从未放弃过快乐。

那天下晚班的时候，路过地铁口，我站在那个弹吉他的少年旁边，默默地听完了那首《把悲伤留给自己》，而后对着少年微笑，看着他扬起的脸。

他有他的音乐梦，我也有我的梦。这些年来，我一直做着文字梦，在别人眼里，仿佛是异想天开，甚至连亲人也不理解，用苛责的话语给我施压，不要做白日梦了，又没有什么阅历，能写出什么来？周遭也有人用或嘲讽或奇特的眼光看着我，嚯，看不出来，还是个小才女呢！

那种明明是夸赞的词汇，却不带鼓励的情绪最能刺激人。

我一个人默默地泡在图书馆里，躲在角落里看书，阳光打在书页上的景致最美，白纸黑字的气味最好闻，阅读使我感到快乐。我慢慢地感受到自己存在的价值，把那些凌乱的思绪记录下来。看着文字在本上跳动的节奏，那么轻盈灵动，好像一刹那就能繁花开遍。后来，这些文字散落在网络的各个区域，它们有了读者，有了归途——我也在它们的归途里感到快乐。

承受的磨难那么多，经受的失败那么惨烈，当它们一点点地铺展在面前的时候，你会看到行程的颠沛、前途的渺茫。可还是要一步一个脚印地走下去，哪怕你等不到破茧成蝶的那一天，因为你如果不去努力做一个茧，就注定没有成为蝶的机会。

曾经看到郭斯特的一个漫画，《别忘了，你也是会发光的》。我告诫自己，不会忘，即便这光很微弱。这些年来，喊过苦，叫过累，却始终没有停下脚步，为了心中那份对文字的希冀，跌跌撞撞地走了这么久，还要不遗余力地走下去。

没有谁生来就是十全十美的，更没有谁生来就能掌控自己的人生使其顺遂无流离。我们只能做人生的行客，慢慢地摸索，给自己找到坐标，然后坚持走下去。

引用林徽因的话就是，温柔要有，但不是妥协，我们要在安静中，不慌不忙地坚强。

梦想在你心里，在你背上，在你脚下，但总有一天会和你融为一体，任你成为它的主宰，而你要做的，只是用心带着它。

说不定哪一天，你的路途中就会亮起灯光，照清你奔跑的脚步，而你也会遇见想要的未来。

# 别愤怒，
# 别人并不欠你

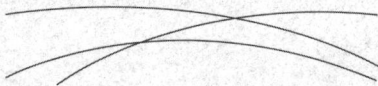

嫉恨别人的努力所获，刻意地无视别人的付出，给自己的不努力找借口，多少也算人之常情——但刻意欺骗自己，把自己臆想成不公正的牺牲品，从此让自己生活在悲愤的心态中，这就是折磨自己了。

[ 1 ]

我的朋友李良成，肯吃苦，心善，性格和蔼，经常帮助人。

良成在乡下有个远亲，家境不是太好，良成把亲戚刚上小学的孩子接过来，资助孩子上学。孩子也很努力，每天学习到很晚。由于担心孩子太累，良成还经常劝孩子早点休息。

前些日子，老师打电话让良成过去，问了些很奇怪的问题，眼神很怪异，有点吞吞吐吐欲言又止的意思。

良成心粗，没有多想。

过两天良成替孩子检查作业，无意中看到孩子的一篇作文，顿时呆住了。

作文中有几句话，大概意思是：这个社会，为什么如此不公？为什么有些人一天到晚什么也不干，却吃香的喝辣的？比如我大舅李良成，他一家人每天除了看电视，就是逛街购物，却总有花不完的钱。有钱人就是好，想买什么就买什么……

良成当时心里很堵，他很想把孩子揪过来，对着孩子的耳朵大吼一句：死孩子，什么叫你大舅一家一天到晚什么也不干？一天到晚什么也不干的是你爹妈！正因为你爹妈一天到晚什么也不干，才把日子混成这样！你大舅怕耽误了你都快累成狗了，你居然看不到……

良成终于明白了老师的眼神为什么那么奇怪。

良成终不可能对孩子说什么，怕伤到孩子，他跟我聊起这事，我也呆住了。

这种畸形的心态，不知何以悄然侵袭了孩子的心灵。

[ 2 ]

在深圳时，我就深切体验到人心的偏激。有次出门，见两个保安聊天，就听一个保安说：看咱们小区，开什么好车的都有，都为富不仁！

别忘了，你也是会发光的

开好车跟为富不仁，这之间一点逻辑关系也没有，不知道这个保安怎么把二者联系起来的。还没等我理清他的逻辑沿递，就听另一个保安说：就是，穷的穷死，富的富死，太不公道了。我现在就盼来一场运动，到时候我第一个报名，不打死这些为富不仁的有钱人，让他们管我叫爹！

后面说话的保安，脸上的肌肉扭曲着，年轻的眼睛透射着我无法理解的仇恨。而这种仇恨，完全是非逻辑的，建立在扭曲与臆想的基础之上。

## [3]

另一件事是，我有个朋友，他儿子很有出息，爹妈没怎么管，孩子自己报考海外名校并被录取。朋友激动得红光满面，把熟人全都叫来，大摆筵席庆祝。

正在兴奋时，席间有个多年老友，突然冷冰冰地扔出一句：国外的学校根本不看考分，给钱就让上，有钱人就是好！想去哪儿上学就去哪儿上学。

朋友被堵得慌，气恼地辩解说：你说的那是野鸡大学，我儿子这可是名校，名校招录标准很严格，我儿子可是全额奖学金啊！

对方扔回来一句：都一样，给钱就让上。

朋友气得想要打人，但知道自己儿子表现太好，已经引起公愤，能做的就是立即起身埋单走人。多年的老交情，到此为止了。

## [ 4 ]

上面说的这几件事，有个共同特点：都是臆造仇恨，甚至不惜修改事实。

李良成并非土豪，真的是每天累成狗了。自打他把亲戚的孩子接来，等于多判了自己几年的苦役。万万没想到孩子根本不领情，之所以硬说他"一天到晚什么也不干"，只是为了人为制造不公的借口，为自己心里的愤怒建立依据。

对于这孩子的教育，李良成现在束手无策，已经接来了不能再送回去，可如何告诉孩子这种观念是扭曲的？这恐怕不是件容易的事儿，弄不好会起反效果。

深圳那家小区，有多少挥金如土为富不仁的坏土豪我不清楚，但我认识的几个，都是睡得比狗都晚、累得跟驴一样。其中有个老板为了接单，被客户灌到胃出血。还有个胖土豪在最低谷的时候，被债主追杀，慌不择路，两米多高的围墙，他竟然"嗖"的一下就跳过去了……

如果他们知道有人如此痛恨他们，他们一定会大哭起来。

最后那个其儿子考上海外名校的朋友，这事儿还真是错在他。你儿子太有出息，就等于对别人家孩子的无端羞辱。自己关起门，和几个亲密的朋友庆祝一下就是了，非要昭告天下，别人心里抑郁悲愤，当然要修理你。

只是这个修理的理由，无视事实，太过于扭曲。

## [ 5 ]

去年回深圳时，看望几个老朋友。其中有一个，是照顾过我的姐姐。当年她研究生毕业，直接进了省级政府机关，但男友去深圳打拼，她也热血沸腾，就毅然辞职而去，想上演一幕"深圳爱情故事"。

万万没想到，她去了深圳，男友却因为一连串失意，最终无法立足，回到三线小城市，让家人走关系弄了个事业编制。而她却留在深圳，于谷底起步最终风生水起，成了有名的女企业家。

上次见面，她跟我说起一个北方煤老板的事情。

她说，媒体总是称他们"煤老板"，这个隐含贬义的称呼，带给人一种强烈的感觉：这些人就是些没有底蕴的暴发户，除了用钱砸人、欺良霸善，良知、良心一概没有。她以前也是这样认为，见到那位煤老板时，也是这种感觉。

但是感觉根本靠不住，聊过几次天她就发现，在那位煤老板粗鄙的伪饰下，藏着一个洞察世象人心的心理学大师。

煤老板的包里，上面是几本低俗杂志，下面藏着英文原版的心理学专著，看到这些书她才恍然大悟：是了，这位满口粗话的煤老板，管着几万号人，没点内功底子怎么可能？他之所以表现粗鄙，一来是他的环境中有些人只吃这套，二来是社会公认他们没文化，他为什么非要跟所有人抬杠？

这位姐姐当时深有感触地说：人呐，不怕不努力——不努力也是人生的权利，凭什么非要努力？做个平庸之辈又招谁惹谁了？怕就怕自己不努力，还扭曲臆造，无端贬低别人的付出。

这个世界不欠你的，也不欠任何人。

你只看到了煤老板一掷千金，认为他们钻了政策的空子，却没看到他们为完成一个挖煤的系统工程，必须要上得讲堂下得井矿，指挥得了千军万马，做得了地痞流氓；你只看到了别人的小蛮腰，没看到美女日夜挥汗在健身房；你只看到了别人逛街购物神清气爽，没看到人家辛苦劳累打拼奔忙。

不努力不是错，不努力偏又愤世嫉俗，于是脑子就日渐扭曲。有成就的人，或是运气好，或是人品劣，不是阿谀奉承，就是为富不仁，天底下只有你最善良。所有人都欠你的，所有人都不该享受他们的生活，必须要接受你的正义审判。

嫉恨别人的努力所获，刻意地无视别人的付出，给自己的不努力找借口，多少也算人之常情——但刻意欺骗自己，把自己臆想成不公正的牺牲品，从此让自己生活在悲愤的心态中，这就是折磨自己了。

别那么悲愤，这个世界真的不欠任何人。每个经济地位在你之上的人，都有比你更辛勤的付出。他们没抢走你任何东西，你的所获，只与你的智慧付出成正比，真的不是别人的错。

# 现在的每一天，都是通往成功的台阶

保安的故事听过很多，但这一个，还是让人很动容，因为，他不是新闻上的，而是居住在我身边。

他是我们这个小区的保安，二十几岁的样子，高高瘦瘦的，话不多，见到人，只是羞涩地一笑。我们都叫他小蔡。

小蔡整天把一个智能手机抱在手里，不是和谁煲电话粥，也不是玩游戏看电影，而是一天到晚听音乐，还喜欢单曲循环，一首歌，昨天在听，今天在听，明天还在听。

小区里不知道他名字的人，有时候提起他，会说"那个喜欢听歌的小伙子"。年轻人嘛，喜欢音乐也很正常，虽然他有些过了头，但这爱好无伤大雅，也人畜无害，也就没人说什么。

很多次，从小区门口走过，总看见小蔡坐在保安室里，有时候拿着笔在刷刷写着什么，有时候托着腮一副拼命思考状，有时候索性抱着一个笔记本发呆。别的保安没事儿时聚在一起闲聊，却一次也没看到他的身影。

有一次我忍不住问他："你每天在写些什么呀？"

他有些不好意思地挠挠头，说："写歌词。"

我略略地吃了一惊，继而又开始为他忧心，作为一个草根，写歌词，除了自娱自乐，还能有什么收获呢？

小蔡似乎看出我的疑虑，有些激动地说："总有一天，人们会熟悉我写的歌！"

后来，混得熟了，慢慢地了解到，小蔡经常把他写的歌词放到网上，也参加各种大赛，还把它寄给音乐公司。

对于他的这些举动，我始终心存担忧，一个小保安，他会获得成功吗？

没想到，成功真的接二连三地来了，小蔡的歌词，先是在大赛里获了奖，然后，有人谱曲在电视上演唱，小蔡居然有了一点点名气，有人开始找他写歌词，并开出不菲的价格。

我从来没有想到，业余时间写写歌词，也能改变一个小保安的命运，但我更知道，小蔡的成功不是偶然，生活中的每一天，他都在为成功做着准备。

同学小雅有个梦想，就是希望将来可以当空姐。

对于这个梦想，我不置可否。小雅是普通人家的女孩，长的也不倾国倾城，更没有在航空公司的亲戚朋友，想当空姐，谈何容易啊！

但小雅执着地坚持，她每天把背挺得直直的，坐凳子只坐三分之一，她说，这是时刻保持优雅状态。她还每天坚持锻炼，跑步，做仰卧起坐，她说，这是为了将来体检时身体达标。她还坚持节食，无论多么爱吃的东西，都只吃规定的量，晚上不管多饿，都不吃夜宵，她说，这是保持身材，将来好在众多人选中脱颖而出。

阑尾发炎，医生说要手术，小雅听说做过手术后不能做空姐，就说什么都不肯做，坚持打针吃药，把一家人急得不行，这样多危险啊，但她硬是挺了过来。

小雅了解到，想要做空姐，最好的方法，就是上空乘学校。别的同学还忙着应付老师时，她已经锁定了将来要上的那所学校，为了高考时达到那个分数，她每天埋在书山题海里，一刻也不松懈。

这样的努力，终于让她如愿考上自己想上的那所学校，两年学下来，到了实习期，有航空公司到学校招聘。实习期待遇比较差，而且上班的地方离家千里之遥，很多同学都不重视，小雅却第一时间报了名，并积极地做着各种面试的准备。

这么多年的坚持，终究是没有白费，面试时，她脱颖而出，成了一名真正的空姐，虽然是实习，她却处处严格要求自己，每件事都做得极为认真，一年后，终于和公司正式签约，实现了自己的梦想。

很多人羡慕小雅的好运，一个普通的女孩子，居然那么轻松地就做了空姐，可是有几个人知道，生活中的每一天，小雅都在为成功做着准备，日复一日的积累，才终于换来眼前的光明。

　　成功从来不是一蹴而就的。你所过的每一天，都是成功的前奏。你把握住了这每一天，就有机会把成功抓在手中，而你虚度的每一天，都会让你离成功越来越远。

# 怕麻烦，
# 是病，得治

昨天在群里问了大家一个问题，说除了现在的工作，你还有没有第二个技能能养活自己。

有人说还有兼职在做，主要工作不做了，就做兼职。

有人说，一点也没有，别说技能了，连自己喜欢什么都不知道。

几个大学没毕业的学弟学妹说，我竟然一点也不知道自己喜欢什么，每天除了上课，没事了就是在宿舍看看美剧，刷刷微博，我好像没有喜欢的事哎。

蔡康永说过，15岁觉得游泳难，放弃游泳，到18岁遇到一个你喜欢的人约你去游泳，你只好说"我不会耶"。18岁觉得英文难，放弃英文，28岁出现一个很棒但要会英文的工作，你只好说"我不会耶"。人生前期越嫌麻烦，越懒得学，后来就越可能错过让你动心的人和事，错过新风景。

而你呢，你不是觉得难，也不是没兴趣，其实你只是怕麻烦。

从一开始就怕麻烦，连这种感觉难的机会都没有给自己。不知不觉，怕麻烦帮你拒绝了所有你可能喜欢的事。

怕麻烦真的是一种病。

朋友拉你去游泳健身，你说好麻烦呀，又要洗澡又要带一大包衣服长头发最后吹干好累。

同事说一起学跳舞吧，你说我最怕麻烦了，每天下班之后还要跑去舞蹈教室，不去了还要请假之类的。

于是，不怕麻烦的同学成了影评作者，不怕麻烦的朋友考了游泳教练证，不怕麻烦的同事变成了随时都能跳一段的舞者。

摄影法语长跑写字，你怕麻烦都拒绝了。

吉他设计编程旅行，你怕麻烦都拒绝了。

陶艺插花美甲搭配，你怕麻烦都拒绝了。

本来有很多发现自己喜欢什么的机会，因为怕麻烦，你都拒绝了。

最后还要抱怨说："怎么有些人的人生看起来就那么顺风顺水呢？他们不仅能把自己的工作做得好，还能把自己喜欢的事情顺带都做好，我连件喜欢的事都没有。"

如果要羡慕，不仅要羡慕他们能找到自己喜欢的事。其实最牛的是，最后他们的喜欢真的变成了自己的工作，靠自己喜欢的事情养活自己。

做陶瓷人偶的胡晏荧，中文系毕业，又专门出国学摄影，最后跑到景德镇做了一个陶瓷匠人。

最近很火的叫兽易小星，他在 2006 年到 2011 年还是一个土木工程师，白天做工程师，晚上做段子手录好玩儿的视频，最后开公司拍电影，专门靠段子维生。

维多利亚的秘密超模 KK，走了那么多 T 台，发现自己其实最喜欢编程，报了编程班从头学起，又在纽约大学进入相关专业学习，已经为成为工程师做好准备。

我们不需要把这些喜欢像那些人一样做成专业，最起码可以让自己快乐。

那很多喜欢的事情，真的是从不怕麻烦开始的。

我表姐曾经真是一个怕麻烦的代表人物，她唯一觉得不麻烦的事情就是睡觉，跨过了怕麻烦的第一步学了古筝，现在有时间就要弹两首来助助兴。

好朋友也是一个典型的怕麻烦代言人，让她吃点好吃的都会因为怕麻烦拒绝，后来拽她去学钢管舞，发现钢管舞她驾驭自如，最后成了心头好。

如果我一开始怕麻烦，可能也不会在这个平台写字，也就不会慢慢发现写字带给我的快乐。

我们不需要把每一件喜欢的事情都做到极致，但是在这个浮躁的社会，有一件喜欢的事情是那么重要。你可以爱做饭，爱美甲，甚至爱收拾屋子，不管爱什么，烦躁的时候，你能用这件自己喜欢的事情安抚自己。

没有什么能比自己讨好自己更快乐了。

所以如果我们得了怕麻烦这种病，真的得治。

# 你足够努力，
# 机遇才会垂青你

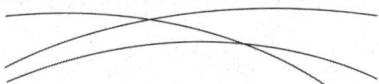

天刚亮，我便被手机微信的叮叮咚咚声吵醒。这微信频发的速度，我闭着眼也知道是谁。

果然，是我的表妹洛琦。洛琦已经到了德国，发来的照片上，莱比锡飘洒着小雪，却掩映不住它的美丽和洛琦的喜悦。

祝贺你，洛琦。我说。

她又发来一个飙泪的表情图和一个大笑的表情图。

洛琦是钢琴专业毕业。她常常说自己的奋斗史就是一部血泪史。

洛琦从小就显出与众不同的音乐天分，对音乐有独特的感悟和超乎常人的敏锐。她很幸运，从一开始，便得到了良师指点。五岁的时候，父母为她买了第一架钢琴，之后甘愿倾其所有，只为女儿终能学有所成。

洛琦在寒冬里，天还没亮就起来，猛搓冰冷的小手，让手指灵活，开始练琴。在酷热难耐的夏日，别的学生为捍卫偶像形象而在网上论战拼杀时，洛琦正苦苦练琴到汗流浃背甚至中暑。那些黑白键和一沓沓厚厚的琴谱承载着洛琦多么美好的梦想和热望。甚至在大年三十,全国人民都在举家欢庆,看着漫天的烟花庆贺新年,洛琦和父母还踏在奔波考学的火车上,或是她把自己关在琴房,紧张地备战即将到来的大考。

她失去的,不仅仅是年夜饭的温馨,还有很多,很多。

每年都能在新闻里看到艺考学生纷纷攘攘,每次看到这种镜头,我都会红了眼眶。因为,太了解这壮观场景背后的辛酸,每一个考生,都如我的表妹般让人心疼。

所幸,洛琦以专业课第一名、文化课第一名的优异成绩考入了理想的艺术院校。她离梦想近了一步,可是,仍不轻松。

别的学生进入大学就觉得进了天堂,缺课是常态。可是洛琦深知父母的艰辛,在大学四年,她修完了音乐系所有的选修课,并且旁听了多门相关的专业课,将作曲、和声等相关领域的知识融会贯通,为自己做了足够的知识储备,提升了专业水平。而从大三起,她已经不再拿父母的钱,而是靠自己做家教来支撑自己的学业。

艺术院校从来不缺女神,洛琦却是当年的一号神秘女神。别的学生常去喝酒唱歌,可这种事情,从来不会在洛琦身上发生。倒是她的琴房,永远有琴声。一次休息日,有一首曲子她弹了太多次,中午也没休息。第二天快日落的时候,老师敲开她的琴房说,洛琦，你这首曲子早就可以过了，别再弹了，赶快去吃饭。老师实在听不下去了——这首曲子，洛琦整整弹了两天。

因为洛琦的琴房在楼上，她老师的琴房就在她琴房的楼下。老师说，洛琦是她教学二十几年来，教过的最出色的学生。

可这最出色几个字，洛琦不仅仅是以自己超强的领悟力，更是用自己弹破手指的艰辛换来的。

于是，洛琦获得了被留校的殊荣。而当年只有一个名额。

工作以后，她仍然一边教课一边学习。她还报考了一个德语班，学习德语，希望将来能有机会去德国，去贝多芬的故乡感受音乐的神圣和豪迈。

机会总是给有准备的人，或者老天眷顾这个一直都很努力的女孩。在今年年初，他们学院和德国莱比锡音乐学院共同创办了中德艺术交流中心，她因为专业能力强，又能说一口标准的德语，而荣幸地成为交流中心被派往德国莱比锡音乐学院的第一人。

照片上的洛琦，脸上洋溢着幸福的光芒，那是苦尽甘来后的喜悦和满足。此前，我已经听过洛琦三场音乐会，每一场都令人震撼。相信不久，就会听到她下一场更高水准的音乐会。

洛琦常常让我感受到一种生命的勃勃力量。她有梦想，也勇于追逐梦想。

我们生活在一个最好的时代，也生活在一个最坏的时代。

最好，是因为机会无限多。

最坏，是因为到处人才拥挤。

可是——

你要足够好，上天才会眷顾你。

# 光鲜的背后，
## 是多少难熬的夜晚

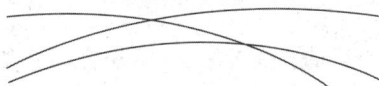

认识 Judy 时，她 160 斤，配着 158 厘米的身高，看起来很胖。她试过各种减肥方法，不吃饭、少吃饭、只吃黄瓜，可始终没有瘦下去。

后来，我们有一年没见，再见时，她只有 130 斤。我特别惊讶，虽然 130 斤对 158 厘米的身高依然不算瘦，但对于 160 斤来讲，已是足够大的进步。瘦之后，她眉清目秀了很多。

又过了一段时间，她瘦身到 98 斤。没点儿刺激是干不成这事儿的，刺激她的是爱情。Judy 爱上了一个苗条的男生，为了跟他在一起，Judy 开始了减肥的血战。半年时间，别人吃午饭，她绕着办公楼跑圈；别人聚餐，她走着回家；别人开会，她站着听；别人做好大餐，她一眼不看；晚上，全家人都在看电视，她在小区跑步，每天 8 圈。故事的结局，就是 Judy 瘦身成功，跟男神在一起，现在已经结婚，事业也随着瘦身成功走得很顺利。

每次别人问我，没时间、没动力、没力气，怎么减肥能又快又好还不反弹，我都会想起 Judy，她的故事太长，长得我都说不清；

她的故事太辛苦，辛苦得普通人只能崇拜和惊叹，没人能模仿。

最近我每天都去健身房，不管我每天早晨几点去，都能在更衣室看见一群女生刚沐浴完在换衣服。我很惊讶，她们到底是几点来的？健身房10点开门。周六，我9点半过去，有人已经练了两节课，他们8点半就开始练，10点只是官方的开门时间。

我以为自己很努力很拼命，可总有人比我更努力；我以为对自己够残酷，总有人比我对自己下手更狠。想想世界上那些让人叹为观止的人，哪个不是在我睡觉时拼命？

周末，跟一个近两年在市场上突飞猛进的某手机品牌负责人吃饭，他说："外界都在模仿我们的营销，可他们不知道，我们是模仿不了的。我们有近1000位客服，新媒体客服就几十人，只要你在微博上吐槽一句，15分钟内立刻有客服与你联系，直到你满意为止。只要你在的地方，我们都在，光这一点，他们不知道，我们用了多少努力，熬过了多少夜晚。"所以，你做梦时，总有人在努力，世界就是这么残酷。

# 努力到感动世界，奇迹就会发生

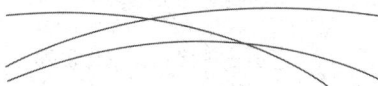

毕业三年，我领了结婚证，换了三个城市生活。今年，26岁了。

上个月，我刚辞了职。一个朋友得知这个消息，很惊讶：你这么快就当上家庭主妇了？

我没那种命。虽然先生可以给我创造这种条件，但我不是太后。

我想说说我自己。

每次去事务所面试，都会被问同样一个问题：你是学英语专业的，为什么考CPA（注册会计师）？

我会微笑着回答：因为我在一个什么都不懂的年纪，选择了一个不适合自己的专业。

其实我是高考落榜，被调剂到英语专业的。

上学的时候，某一天，我突然发现，不是英语专业的，英语照样可以说得很好。但四年之后，除了会说英语，我还能干什么？

那一瞬间，我就慌了。英语只是一个工具，不是一门技术。当然，这只是我的个人想法。

我经常说的一句话，是跟 K516 的一位列车员大哥学的——人在江湖，必须有一技傍身。

我的傍身之技在哪里？

我吃不起青春饭，我必须面对女人老得快、死得慢的现实，一定要给自己找一份越老越值钱的工作。于是，几经辗转，在一个偶然的机会，我听说了 CPA——注册会计师。

那究竟是什么样的证书，是一份如何的职业，我从未真正了解过。所以说，很多时候，无知者，无畏。

我决定考，首先反对的是家里人。他们觉得我是不务正业。我本应该学好英语，考个研，当个教师什么的。我承认，这对任何一个女孩子来说都是不错的选择。

但是，有时候我可能不是个女孩子，而是个女疯子。当你怕生活折磨你的时候，你可以先折磨自己，这样你便感觉不到生活的折磨了。

谁知道，这一考，就是四年。我最好的时光都送给了它。

那么厚的书，那么陌生的文字，没有任何根基，我觉得自己像一只蚂蚁，在啃一棵参天之木。

不懂是一种寂寞。有时候，这种寂寞让你发疯。

我曾无数次在各种考试论坛搜经验分享帖：有人说，难，难得不得了；有人说，简单，看一遍就过。

看多了，自己都觉得好笑。于是，我再也没浏览过那些网站。

这些年，我都只用一个简单的故事激励自己——小马过河。我不是水牛大神，也不是松鼠小弟。我以前总希望如有神助，肋生双翼，认为一个跟头十万八千里是件很爽的事，现在觉得什么都不如脚踏实地。

我一页一页地翻书，一道一道地做题。我看过，我知道，我不怕。

前几天，我先生在工作中遇到了一些问题。在彼此探讨的时候，我对他说了这样一番话：你现在挣得多，不如你遇到的问题多。因为我们还年轻，连失败的资本都没有，更谈不上输了什么。有些人，我们觉得他很厉害，什么问题都能解决，那是他天生的吗？当然不是，那是因为他之前经历了很多问题。一个行业，一个领域，也就那么多问题，到最后都是类似的，你说，他解决起来是不是游刃有余？

先生对我的这番话表示赞同。

过后我想，我说的这些是因何而来的呢？可能就是因为我做题吧，做得多了，题目就类似了。

2009 年，大三暑假，我骑着小车顶着烈日去吉林师范大学图书馆看书——那年，过了会计一门。

2010 年，大四毕业，找了工作，每天背着 700 多页 100 多万字的大书上下公交挤地铁，当我这一天忙得根本看不了，我就告诉自己，你一天考不下来，就背着这么沉的书走去吧——那年，过了经济法一门。

2011 年，我仅凭这两门和对审计工作的一无所知，找到了会计师事务所的工作。我不知道资产负债表，不知道审计报告的顺序，也不知道什么是抽测凭证。第一次出差，我对着一沓 EXCEL 表格不知道从何下手，加班到晚上 11 点，回到宾馆坐在床上先是大哭了半个小时，然后擦干眼泪，边上网百度，边填表格，一直到清晨——那年，过了审计一门。

2012 年，过了春节，在先生的支持下，我毅然辞去工作，在家里看书备考。我们在杭州，举目无亲。每天，他上班走了，我就一个人背着书包去浙大看书，谁都不认识，一整天也没人说话。熟悉我的人都知道我是个多群居的生物，可那大半年，我体味到了什么是寂寞。为了提高效率，我每天只能坚持去学校——那年，过了税法、财务成本管理、公司战略与风险管理三门。

查成绩那天晚上，先生很开心。而我看到成绩的那一瞬间，却哭了，不是喜极而泣，是我跟自己说：你的苦日子终于到头了。那段寂寞的日子，不堪回首。

20 多年了，我终于认真了一把。CPA 对我来说，早已失去了最初的意义，我不再只是指着它赚钱。它让我知道，坚持，是一种可贵；踏实，是一种品质；严谨，是一种美德。

先生看到了我的坚持，觉得我是个好女人；家人看到了我的踏实，觉得我是个好孩子；上级看到了我的严谨，觉得我是个好助理。

这些都是我未曾预料到的，也都是我曾经最缺少的。这四年，我在补习我的人生。

我曾无数次地被问，为什么要考注会？我的答案基本上很固定。

首先，因为我已经过了选择的年纪，而是到了该为选择努力的年纪。记得我跟先生刚认识的时候，他问我，你的选择不会错吗？我说，这个世界上，除了法律和道德，就没有对错。只要是我选择的，对的就是对的，错的我也要把它变成对的，坏的要变成好的，好的要变得更好。

其次，我鼓励我先生趁着年轻要走南闯北，因为我坚信读万卷书不如行万里路。这就是为什么我们毕业三年换了三个城市的原因。我们不是来旅行的，是生活，有血有肉地生活。我跟他承诺过：无论你去哪里，我都不会成为你的负担，物质上的，精神上的，都不会。如果我顺利拿到证书，目前来看，随便到哪个城市，去事务所做审计还是可以的，收入虽谈不上不菲，但是足以减轻他的负担。我爱你，就要以独立的姿态和你并肩站在一起。

最后，也是最重要的。我觉得自从和先生的关系稳定下来，步入已婚行列，就即将要面对上有老下有小的生活。我这辈子最大的心愿就是通过努力，让爸妈过上他们想过却没有的生活。我必须有足够的经济实力来预防他们因为年迈而可能发生的疾病，督促他们趁着腿脚轻便去旅行，趁牙好胃口好尝遍各地美食，要他们相信有我在，他们就可以衣食无忧地安度晚年。

所以，我必须去努力。

也许有人会说，不就是个证书吗？有什么了不起？！是的，它只是一张纸而已，但它给我的生活带来的变化和改善却是令人欣喜的。

这是一种有力量的生活——力，是幸福力；量，是正能量。

如果你有梦想，请一定坚持，也许真正的收获并不是结果，而是过程本身。

如果你没有梦想，请选择，年轻的生命可以没有比基尼，但是不能没有一个坚持的理由。它是一盒火柴，足以点亮你生活的每一盏灯。

有梦想的人生会经历寂寞，没有梦想的人生过后是空虚。

梦想无关大小，能够支撑信念，足矣。

# 时间用在哪里，
# 都会有痕迹

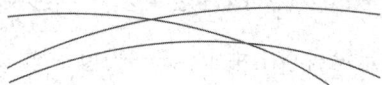

家里阳台种了一盆植物，总是半死不活的，偶然掉下 3 颗黄皮仔，一个月后，它竟然长出茂盛的一片，甚是好看，这叫旁逸的美丽吧。无心插柳的，可以归结为偶然，但生活不是总是偶然，总得有意识地去插柳，有意识地去坚持做某样东西。

身边有不少公门的朋友，闲暇时有的写写书法，有的喜欢画画，坚持久了，也俨然书家画家。而更多的人，过早地将自己安排进一个静止的生活模式，来往应酬，可能看起来也很忙，或者随遇而安过着日子，但却活得无意识，生活也就无意识地重复着。然而，这些年同学会多了，你一定会发现，10 年、20 年的时间拉长，那些大大小小成功的，不管做哪行，多是那些坚持下来的人，这是时间的奇妙，不会撒谎。

人的时间都是一个定量，每人每天都只有 24 小时。如果我们审视一下时间利用，一定会有惊人的发现，好多时间是浪费了的。也许当知道自己怎样消耗了时间，你就可以有意识地去改变将来的时间分配。说有两个和尚分别住在相邻两座山的庙里，两山之间有一条溪，他们每天都会在同一时间下山去溪边挑水。不知不觉已经过了五年。突然有一天，甲和尚没有下山挑水，乙和尚心想："他大概睡过头了。"便不以为然。哪知第二天，甲和尚还是没有下山挑水，第三天也一样，直到过了半个月，乙和尚想："我的朋友可能生病了。"于是他便爬上了左边这座山去探望他的朋友。当他看到甲和尚正在庙前打太极拳时，他十分好奇地问："你已经半个月没有下山挑水了，难道你可以不喝水吗？"甲和尚指着一口井说："这五年来，我每天做完功课后，都会抽空挖这口井。如今，终于让我挖出水，我就不必再下山挑水，可以有更多时间练我喜欢的太极拳了。"

我们常常像乙和尚一样，会忘记把握空闲的时间，挖一口属于自己的井，培养自己另一方面的兴趣或者实力。这样在未来当我们年纪大了，我们还依然会有水喝，而且还能喝得悠闲，喝得写意。如果我们不时刻审视一下自己的时间利用，并且记录下时间的花费，我们将坠入无意识当中，单调地过完枯燥无味的一生。

无论做什么，只能靠自己的规划，哪怕再有机会或者背景，没有规划，也可能会失去。古语云："藏器于身，待时而动。"哦，应该加个董仲舒的补充，他说："明其道不谋其利，正其谊不计其功。"就是说，知道做什么，就不应该去计算功利得失，想想，多一份艺术的爱好，在学习和交流的过程中，你的生活会精彩得多，起码无聊的生活会有了高雅的寄托。因此，过一种有意识的生活，可能是你我要做的唯一重要的事。

是的，我们每个人都必须担着实际生活的担子，总是忙碌着，那些名人更是忙碌，但爱丽丝·门罗说："人只要能控制自己的生活，就总能找到时间。"她写了几部小说，获得诺贝尔文学奖。和她类似，村上春树和斯蒂芬·金，都是用下班后、睡觉前的那几个小时来写作。他们不用说，时间可为他们证明，他们是谁，什么对他们重要。

说了这么多，其实我自己最应该深刻反省，特别是物质的诱惑，把时间都浪费掉了。你们可能会说，人总有懒性惰性嘛，你自己都做不来。好吧，为了强化说服力，抄一段鸡汤："能够到达金字塔顶端的动物只有两种，一种是苍鹰，一种是蜗牛。苍鹰之所以能够，是因为它们拥有傲人的翅膀；而慢吞吞的蜗牛能够爬上去，就是认准了自己的方向。"时间不会撒谎，用在哪里总会留有痕迹。

# 你要的生活，
# 只有努力才能给予

你做的选择和接受的生活方式，会决定你将来成为一个什么样的人……

现在是凌晨零点 38 分，我刚挂了电话，与我的好姐妹。

她拨通电话就兴奋地问："你猜我在哪里？"

我睡得迷迷糊糊地说："香港？"

她呵呵笑了，说："NO！我在美国！"

我一下子呆住了，问："国际长途？"

她不满地说："你在乎的总是钱！我说我在美国，在我们曾说的世界牛人汇聚的地方——华尔街！"她去了华尔街，这是好多年前一起看旅游杂志的时候，我们一起约好 23 岁生日之前要去的地方。

可是，现在，我还在山西。

她听我这边半天没有动静，生气地问我是不是睡着了，我说，我很羡慕她。她甩下一句"你活该的"，然后挂了电话。我知道，她生气了！

2003 年，我们在图书馆遇到，她推荐我看了一本叫《飘》

的外国书籍。那时候，我们还不到 13 岁。我说我看不懂，她说，你可以查字典。从那以后，我开始看她推荐的书。认识我的朋友都说我看的书挺多的，我每次听了，心里都空空的——我比她差多了，只有我自己知道。

2009 年高考结束，她去了北京，我去了西安。我们的生活轨迹开始变得不一样，我被新鲜的生活吸引了，忘记了她说过我们一起考香港中文大学的约定。

2009 年 11 月，她说，我们每天晚上 10 点练习一个小时的普通话吧？有人嘲笑我 N、L 不分。我说，好！半年后，她兴奋地问我："你的普通话考了多少？我考了一乙！"我说我忘记练习了，没有考！

2010 年 3 月，我爱上了一部韩剧，我说我想学韩语。她说，那我们自学，就像一起自学心理学一样！我说，好！2011 年年底，我们一起逛街，那家精品店的老板是一个韩国大姐，我睁大眼睛听着她用韩语和老板交流。老板以为她是学韩语的学生，给我们便宜了 5 元钱。而我，只会说"我爱你""对不起""谢谢你"。

2011 年 4 月，她说想跨专业考法语的研究生，问我要不要也学习法语。我说我要自学新闻学，不想学其他的。她说，好！年底时，她用法语给我朗读大仲马的《三个火枪手》，问我新闻学的知识，我支支吾吾说不出话来。

2012 年年初，我的小说创作开始好起来，我用稿费请她吃了一顿西餐。她用翻译美剧台词的稿酬，给我买了一整套季羡林的藏书。

她说，我们说好考研的，别忘了。她还说，你说过香港中文大学是你的梦想，你不要放弃它。我说，好！

2012 年年底，我说我四级才过，我不想考研了。她说，好！

2013 年 7 月初，她说她如约考上了香港中文大学。我说，好！

2013 年 8 月，我说我要辞职，我觉得这日子过得挺辛苦的。她气愤地说："你很苦吗？北京被大水淹，水没到我的膝盖，我只好穿着拖鞋卷着裤管去图书馆看书，那个时候，我都没有说过我的日子苦！"

而今天，我说我羡慕她，她却生气了，我知道这是为什么。

现在，我突然清醒了，我一直只看到她闪闪发光的地方，却不知道她这一路走来，到底是付出了什么样的代价，才换取了这样一个很多人都想要的人生。

我走进她的卧室，里面各类书籍堆得到处都是，每一本书都有她做的密密麻麻的笔记。这样的时刻，我怎么忘了？

我打电话，想和她分享我因为和 ××× 闹别扭的难过心情时，她小声说她在图书馆学习，回宿舍再联系。那时候，已经晚上 11 点了！

我在家里和爸妈吵得天翻地覆的时候，她自愿申请了去黔西南当志愿者，她说，要翻过两座山才有班车回家……

此刻，我又有什么资格在这里抱怨？

我为什么要羡慕她呢？她现在得到的一切不都是过去的辛苦换回来的吗？我也被她拉着走，只是我放弃了前进罢了！是我亲手断送了自己的梦想，不是吗？

我现在最后悔的事情是，为什么我明明知道大学时光那么少，青春那么匆忙，还总幻想未来，却不肯逼自己一把，去实现梦想？我太容易因为小事儿而难过，去荒废时间，日复一日的不安、疑惑不是活该的吗？

终于明白了，我要踏实，我要努力，要为了成为想要成为的那个人而坚持。我的一切辛苦，总有一天会因此回馈到我身上。

"时间不欺人"，这是她教会我的道理！

一个二十几岁的人，你做的选择和接受的生活方式，将会决定你将来成为一个什么样的人！我们总该需要一次奋不顾身的努力，然后去到那个让你魂牵梦绕的圣地，看看那里的风景，经历一次因为努力而获得圆满的时刻。

这个世界上不确定的因素太多，对大多数人而言，能做的就是独善其身，指天骂地地发泄一通后，还是继续该干吗干吗吧！

因为你不努力，谁也给不了你想要的生活。

# 如果感到迷茫，
# 那就赶紧行动

[1]

有一个朋友，最近说她很迷茫，

所谓的迷茫，都源于想太多。

在公司工作了几年，工作成绩是有的，但不是很明显。周围朋友很多，但又没有一个人真正好到心底去。日子也是过起走的，但总觉得过得没多少热情和憧憬。

于是总在独处的时候，想着这些困惑，她就开始怀疑自己的人生，觉得自己无所适从，很像一只在海上航行，却没有掌舵者的帆船。

这样的状态，很多人，尤其是年轻人，都经历过。看不到自己的未来在哪里，想要去追求自己的梦想，但又不知道怎么起步。

想要努力挣脱现实的束缚，可又感觉像做了一场噩梦，找不到梦醒来的出口。

其实那位朋友，工作成绩之所以不明显，那是因为她本来就没工作几年，自己的积累和能力还不够。

朋友虽很多，但很多都是刚认识不久，还没有深入了解。日子虽过得平淡无奇，但她每天都有在进步啊。

其实生活的坑，都是自己给自己挖的，迷茫也是。

我们总是还在刚起步时，就想着终点在哪里。总是在刚学习一项技能时，就力求攻克技术难题，总是在与人初次见面，就想推心置腹。

总是在今天都没过好时，就想着明天该怎么办。

其实所谓的迷茫，很多时候，都是源于我们想得太多了。只要你在前进的路上，只管默默无闻的付出和耕耘。路要一步一步走，饭要一口一口吃，想太多，真的就会让人迷茫和焦虑。

[2]

这是一个兵营里的读者跟我分享的故事。

小丁年龄很小，读书成绩不好，家境也不宽裕，于是被家里人逼着去当了兵。

入伍后他仍旧死活不愿意当兵，觉得部队的生活单调枯燥，天天学习、训练。

他思前想后，感到自己找不到人生的意义在哪里，或者说不知道在这里当兵究竟有何用，每天就这样想着想着，越想越觉得人活着没意思。

期间多次想要逃跑，但都没成功，于是在一天夜里就把红花油喝了，被发现后送往医院洗胃。后来通过干部骨干的谈心帮带，使这名同志渐渐转变了态度。

他不再没日没夜地想着当兵能有什么意义，有什么价值这类连活了 100 岁的老人，也无法给出标准答案的问题。

他首先在笔记本上给自己设立了每一个小目标，然后就盯着这些目标一个一个完成。

期间也会反复出现迷茫期，但他不允许自己想太多，想多久能退伍，想怎么才能逃出去，而是一边努力，一边享受学习的乐趣。

并尝试着去逼着自己不断向前进。同时，他根据团里所需的人才标准，不断调整自己的目标和计划。

空闲时间，他会逼着自己去读书，去跑步，去游泳，但就是不允许自己想太多。

慢慢地这样过了大概 1 年左右，由于他敢挑担子，敢打敢拼，加上自己身体素质基础好，又努力学习专业技能，爱刻苦钻研，取得了焊工认证等级证书，并在团军事训练尖子比武中夺得单杠、射击和 5 公里越野等几项第一。

所谓的迷茫，大多数时候都是因为你想的太多。

如果你在迷茫期，不知道自己未来的路在哪里，也不知道自己该怎么继续走下去，那你真应该在每个阶段，定一个切实可行的目标，走一步，算一步，过一天，算一天。

这句话是很多老年人常爱说的，这其实不是消极的人生观，也不是让你对生活有所懈怠，而是让你不要对生活抱有任何不切实际的幻想，甚至是想入非非，想得太多太重，反而或拖住你前行的脚步。

你只有过好了当下，才有资格谈未来，你也只有放下你那些想太多的执念，才能真正走出迷茫期。

[ 3 ]

前几天有个读者给我留言，她是一个大二的学生，她很想毕业以后开个咖啡馆，可是父母不同意，认为开个咖啡馆容易嫁不出去，因为他们总认为那里有很多不正当的男女关系，硬逼着她考公务员，然后毕业就结婚生子。

可这个妹妹说，她不想一辈子留个操心命，做个打工妹，她就要开一个咖啡馆，然后写文读书，认识很多精神上志同道合的来自五湖四海的朋友，她很迷茫，很痛苦。她每天都在反复想着两个互相矛盾的问题：

如果本着自己的一片初心，很可能得不到父母的理解和支持，甚至是决裂。如果顺着父母的意思，毕业就回家乖乖考公务员，这又不是她的性格和梦想。

人总是会陷入这样两难的境地，不能自拔，然后越想越不对劲，感觉怎么做都是错的，怎么做都找不到真正正确的那条路在哪里。

可她并没有一直陷入这个漩涡，她说，我的问题不是迷茫，就是想太多，我要立刻行动起来。

于是她准备放下一切纠结和不安，要用行动向父母证明，她就是要开咖啡馆，而且要在他们的支持下，光明正大的开馆。

她开始在寒暑假加紧一切时间，勤工俭学，是为了能给将来开咖啡馆筹措第一笔资金，

周末她会到城里各类咖啡馆实习打工，是为了学习开咖啡馆的经验，

他还会将咖啡馆里很多温馨感人的故事写下来，并且开办了一个自己的主播平台，与更多的人分享这份温暖和感动。

她告诉我，当她行动起来后，发现自己的迷茫其实已经在不知不觉的在身体力行中，逐渐消失了，虽然前路依然坎坷，但是她坚信自己能走出一条康庄大道。

所谓的迷茫，就是想得太多，让我们失去了行动的勇气。成

功不是靠想就能想出来的，同时迷茫也不是靠想就能走出来的。

你必须的行动啊，只有动起来，在实际的战场上，根据实况，实战，你才能高度集中地冲着梦想直奔而去。

[ 4 ]

第一：走出迷茫，你需行动起来

其实想象中的困难，远比行动中产生的困难更让人痛苦。

当你感到前途未卜时，你试着去应聘自己喜欢的工作，试着去做自己想要做的事，去见自己想见的人，你会发现其实迷茫不过就是你想太多而不动起来的缘故。

第二：立足当下，你需安于寂寞

其实很多人，并不是迷茫，而是刚开始努力一段时间，没看到成效，于是就开始想太多。

想那么多干什么，成功真不是立竿见影就能看到效果的，你要安于寂寞，懂得等待。

第三：你必须懂得迷茫是人生常态

每个年龄阶段，都有每个阶段的迷茫。

迷茫不可怕，因为它本来就是人生的常态，你当下最要紧的就是，承认迷茫，然后克服迷茫，最后与迷茫和平共处。

也许所谓的迷茫，真的是你想太多的缘故。

放下你的浮想联翩，放下你的畏首畏尾，也许清空你的大脑，丢掉你的思想包袱，你又会重整旗鼓，整装待发！

# 4 只要有梦想，什么都能坚持

有什么坚持不下来的呢？只要有梦想！

一个人通过自己的努力，
可以实现自己的梦想，
幸福，会来敲门。
很多人往往会关注对于梦想的树立，
而往往忽略过程的艰辛。

# 只要有梦想，
什么都能坚持

一段时间以前，一位在港的大陆学生，因为学业的压力、前途的渺茫等诸多原因，选择了自杀。在讨论和反思的潮流中，有一位毕业生在校内网匿名发表了自己的故事。他说，自己当年在学校也曾经面临绝境，一文不名。他选择了做"乞丐学生"，坚持着念完了课程。回忆的一些情节让我印象深刻，比如，平时偷偷住电梯间，蓬头垢面如乞丐；实在很饿，学校举办餐会的时候默默进场埋头大吃。

"峣峣者易折，皎皎者易污。"能够从内地高校到香港读书的学子，都是一些很优秀的年轻人。不知道曾经高居象牙塔的书生，怎样狠下心，咬牙面对那一个天渊般的落差，以及旁人的目光和议论。

说到这里，很像一个《读者》式的励志故事。但是这种励志故事从来就不缺乏感动人的力量，因为虽然光明的尾巴不是人人都能够拥有，但是人人都有梦想，面对实现过程中的困难，其奋斗或者说挣扎，却常常和平凡如你我的人们相遇。

《当幸福来敲门/The Pursuit of Happyness》就是这样偶然被看到，又感动了我的电影。黑人克里斯是一名普普通通的医疗器械推销员，妻子忍受不了经济上的压力离开了他，留下5岁的儿子克里斯托夫和他相依为命。克里斯银行账户里只剩下21块钱，因为没钱付房租，他和儿子被撵出了公寓。

　　费尽周折，克里斯赢得了在一家著名股票投资公司实习的机会，但是实习期间没有薪水，而且最终只有一人可以成功进入公司。

　　学妹曾经告诉我一个故事，让我每次想到都觉得莫名恐怖。她说，她硕士毕业去广东求职，一个中学要招几个老师，结果南来北往的硕士博士挤了快有一个礼堂。可想而知，竞争有多么残酷。看来，中外求职者都面临着同样的挑战。但是克里斯和许多"80后"的大学毕业生不同，他更加坚韧：为了节省时间，上班时候不喝水，以避免上厕所。以疯狂的速度给客户打电话，打完一个，直接按挂机键就拨下一个电话。白天，克里斯忍受着一次又一次被拒绝的失望，带着微笑在公司和客户之间穿梭。回家，则要带着儿子穿过污秽的街道，忍受房东的咆哮。

　　终于，交不起房租的父子俩流落街头。克里斯和儿子在午夜地铁里相对无言，儿子不能理解为什么不能回家住，爸爸却开始玩游戏："我们通过时光机，到达古代了！"儿子立刻兴奋地配合起来，环顾左右。父子俩在"恐龙"的追杀下，逃到了一个"山洞"里，"山洞"是什么呢，其实是一间男厕所。克里斯搂着熟睡的儿子，坐靠在厕所的墙面。午夜的灯光很惨白，这个消瘦的、营养不良的父亲，默默地流下了泪水。

父子俩依旧为了幸福到来而努力。他们开始住收容所，面对有限的床位，这个奔跑起来像猎豹一样的人，有时候得把草原上的爆发力运用到打架上面来。儿子在简陋的收容所床上睡着了，父亲还在埋头修理推销的医疗器械，或者翻那本厚厚的笔试全书。

钱包磨损得厉害，而且，太瘪了，每张钱都很熟悉。老板要借5块钱，犹豫再三，摩挲着纸币，最终还是把钱送了出去。卖血。鲜血在塑料袋里面渗开，那是一个男人所能奉献的最后。拿着卖血的钱，克里斯仍然去买电子元件。一点点的希望，都要去坚持。

对于父母，最心酸的事儿是什么呢？就是子女的一点可怜的愿望得不到满足。克里斯托夫的惟一的玩偶"美国英雄"，在一次挤车的过程中掉到了地上。5岁的男孩悲伤欲绝，克里斯坚硬的表情下，读出的是面对困难的凶狠和惨痛。但是，无论多么深切的无望，都没有摧毁父子间的亲情与他们的信念，他们相信幸福总会落到自己的身上。"你是个好爸爸"，克里斯托夫跟着爸爸四处流浪，可是孩子的心灵，衡量的砝码和天使是一样的。

克里斯最终成为了投资公司的员工，看似冷漠的白人老板们，此时显出他们的些微温情。他忍住了泪水，颤抖着拿起自己的物品，走入了茫茫人海。在熙熙攘攘的人群中间，克里斯举起手，为自己鼓掌，那无声的，一下下重重的掌声，是在为自己喝彩。其实，克里斯托夫的"美国英雄"并没有失落。

这是一个非常典型的"美国梦"：一个人通过自己的努力，可以实现自己的梦想，幸福，会来敲门。很多人往往会关注对于梦想的树立，而往往忽略过程的艰辛。特别是，当面对一个看似无望的现实的时候，有多少人会坚持，多少人会放弃呢？生活总是在不断地修正，并且提醒我们，顺应大潮的人总是较有可能抵达成功的彼岸。可是，确实是有些人，愿意逆流而上。我相信，这是导演对于逆行者的一点鼓励。

那个香港的匿名毕业生后来博士毕业，找到了一份不错的工作，有了漂亮的妻子和可爱的孩子。这个强人在帖子里说，有什么坚持不下来的呢？只要有梦想……

# 我们为什么
## 要努力

所有人都在叫嚣着你只是看起来很努力，所有人都在声嘶力竭地吼着生活不只眼前的苟且，所有人都在极力寻求一种想要的生活，于是在这条路上艰难前行。

那么，我们为什么要努力呢？

[ 1 ]

一浪更比一浪强，别被后浪拍在沙滩上。

长江后浪推前浪，一浪更比一浪强。竞争社会，拼的就是谁更有能力，谁更能在社会中立得一席之地。物竞天择适者生存，你不争不抢不去努力，结果只能是在原地打转，于是乎只能高高仰望别人的光芒。我们都听过这么一段话，这个世界上最可怕的不是有人比你优秀，而是比你优秀的人依然还在努力，那么这样的你为什么还不去奋斗。从来不怕大器晚成，怕的是一生平庸。

## [ 2 ]

他孩子打我孩子1下，傲慢的开口说不就一巴掌赔你一万块，我有足够资格拿出五万甚至十万让孩子打回去。

之前在网上流传起来的这句话，乍听之下会觉得好笑，可是在这句话之下隐藏着的是什么本质呢？试想一下，如果你有钱，那么当别人这么侮辱你侮辱你的孩子时，你完全有资格有资本可以拿出更多的钱来还回去，这并不是教育小孩子暴力和虚荣，而是不愿意让自己的孩子或者自己承受如此大的委屈和伤害。不然假设一下你没钱的情境呢，当别人这么说之后，你顶多会发怒的吼回去"有钱了不起啊，"然后在背地里孩子看不见的地方偷偷哭泣，当然你也可以选择让孩子打回去，可是那时候的你要承担接下来的什么索赔，你又没钱又没势拿什么和人家斗。

你努力创造更好的生活之后，你孩子出生的环境也是良好的，他可以接受好的教育，见识更多的精彩，可以不会因为没钱而忍受饥饿和寒冷，早早地见识了社会的黑暗，他能有更多的机会做他想做的事情，而你也有能力满足他一切合理要求。事实证明，家庭优越的孩子比家庭贫苦的孩子要更加自信，成长的也更健康。当然，如果你教育有问题或者太过溺爱造成他嚣张跋扈那就另说了。

[ 3 ]

我怕未来连病都不敢生，连梦都不舍得醒。

有钱不是万能的，没钱却是万万不能的。也许你会说"钱算什么，都是肤浅，"甚至背地里痛骂那些"宁愿坐在宝马里哭，也不坐在自行车上笑"的女生虚荣。可是你知道吗，你没钱也许不可怕，你不努力不知进取才可怕。

你想象一下未来的吃穿住，再加上可能的生病意外，你难道不怕未来生病了却都不敢去医院怕花钱吗，你就不怕万一你真的需要手术光是手术费就要把你逼得无路可走吗？每天新闻上有多少穷苦人家的父母因为自己的孩子生病却没钱医治，只能拼命赚钱或者乞讨，或者严重的想到卖血卖肾，这都是被生活所逼被钱所逼啊。

有时候面对着苍白的现实眼里全是痛苦，于是宁愿躲在无人的黑夜，躲在美好的梦里，怕一觉醒来一切又回到痛苦中，你又要面对这一切苦难。这样的生活这样的无助，是你想要的未来吗？

只要有梦想，什么都能坚持

怕酒杯碰在一起全是破碎的梦。

多年后，当几个老友聚在一起，你们喝酒畅谈，酒后讨论起各自多年的梦想，各自唏嘘各自凝噎。酒杯碰在一起，是破碎的梦，酒杯摔到地上，是破碎的痛。

你想起你当年的梦想，想起你曾激昂的愿望，想起你曾在华灯初上的夜晚对着这寂寥的空气吼着你要进五百强、你要成为一个优秀的律师、你要在娱乐圈风生云起，你要……

可是一切真的只是梦和想，你没有去努力没有去奋斗，没有把梦想实现，日后提起，全是惆怅。这样的未来，是你想要的吗？

## 5

怕让父母失望，怕让自己后悔。

最近大火的一句话不外乎"你还年轻，怕什么来不及。"是啊，我们还年轻，怕什么来不及，可是亲爱的，我们是怕父母等不及。等不到看到我们成材的一天，等不到为我们自豪的一天，等不到我们为他们撑起一片天的一天。

小时候我们渴望长大，像大人一样可以决定自己的生活，可是后来当我们真的长大了，我们却发现长大的世界和我们想的不一样，而且随着我们长大的同时，随之而来的是对现实的无奈。我们开始意识到，我们长大了父母也老了，我们开始恐慌害怕，怕他们看不到我们变优秀的那一天，怕自己无法为他们创造一下安心的晚年，怕他们老了之后还在为我们担忧。

如果我们现在不去努力，等以后都没有能力去带父母各地旅游散心，品尝各地美食。我们努力的意义是让他们可以衣食无忧，可以尽情享受生活的美好，而不是在晚年还替我们的生活工作担心，还要把自己的养老钱拿出来给你。所以我们成功的速度一定要超过父母老去的速度。

[ 6 ]

怕委曲求全卑躬屈膝活的没有尊严。

被领导骂得狗血淋头不敢还嘴不敢吭声，同学聚会看着别人事业有成而自卑地缩在角落，看见喜欢的东西不舍得买，每天为了省钱而拼命挤上已经没地方可站的公交地铁，每天啃着面包泡面幻想这是美味的大餐。这些悲催的生活将是不努力的你的局面。

我们所努力的目的不过是为了不寄人篱下不看人白眼，可以骄傲的做自己想做的事，不为了一个工作一个人情而忍气吞声，不被人看轻，活得有尊严有底气。堂堂正正地拍着胸膛，自豪地说这就是我，这就是我想要的生活。

[7]

想见到或者有资格和喜欢的人并驾齐驱，想谈一场势均力敌的爱情。

这句话一直激励着我前行："我努力为的是有一天当站在我爱的人身边，不管他富甲一方还是一无所有，我都可以张开手坦然拥抱他。"

最好的感情是相配的，你不会因为比他差还自卑，也不会因为比他好而骄傲，因为你们同样优秀，优秀并不是指能做出多大的成就，而是你们各自独立，各自在感情上依附却不在生活上依附。不用怕 TA 离开也不用怕 TA 抛弃，因为离开 TA 你照样能够好好地活着。

倘使情侣之间一方平凡另一方非常耀眼，也许一开始只是被别人不看好，但他们因为感情深厚而彼此不离不弃，但当时间长了之后就会发现，他们之间存在着很多无法逾越的鸿沟，很多不志同道合的观念，于是乎矛盾越来越多，开始生厌开始吵架，直至最后的分手。

[ 8 ]

也许努力是为了证明灵魂还活着，我们还没放弃自己。

回忆你过往的几年，你得到了什么，又失去了什么，我们生活着又是为了什么？生活的意义又在哪里？浑浑噩噩是一天，把所有安排充足去行动去享受生活又是一天，一天过去我们又收获了什么。

也许我们努力着、尝试去进步，是为了让自己感觉到存在的意义，让自己在这个世界上还有事可做有生活去追，证明自己的灵魂还没有完全枯萎，证明自己并没有被打倒。

吃了还是会饿但我们还是要吃饭，睡了依然会困但我们还是要睡觉，学了不一定有用但我们还是要学习，活着最终也会死但我们还是要活着。也许这就是生活存在的意义，你的灵魂在指引着成为一个更好的人，摒弃不知进取游手好闲的你。

[ 9 ]

我听过我们为什么要努力的最好的答案是：因为我们只有一辈子。

也许所有我们为什么要努力的答案，都比不上最后这一点：因为我们只有一辈子，我们的人生只有一次！

时光不会重来，时间不会倒逝，那些你错过的风景错过的路错过的人，都成了无法回头的回忆。当日后提起，满满的全是遗憾。

我们的人生只有一次，很多事情现在不做以后真的更没有精力和时间去做了，我们总习惯拖延，习惯告诉自己时间还很长，可是当下的每一天才是弥足珍贵的。何不在自己最年轻最有拼劲的几年里去努力达到自己想要的，以后的道路也会更好走的多。

人生说长不长说短不短，那些你以为还有的时间其实也在你眼皮子底下偷偷溜走了。我们的人生只有一次，我们要在有限的时间里让自己的生命发挥出无限的价值，才不枉来这人世间一场。

# 再不开始，
## 就真的来不及了

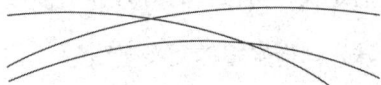

上学的时候，凯蒂疯狂地爱上了画画，他课余的时间画，上课的时间也画，在课本上画，在课桌上也画。他的头脑里到处都是山川河流、花鸟虫鱼，他的成绩却一落千丈。有一回，当他把练习本上那些信手涂鸦的草稿误当成作业上交到老师那儿的时候，老师终于再也忍不住了，朝着他吼："凯蒂，你简直是疯了，我让你做习题的，你怎么交给我画儿？上帝让我告诉你，从现在开始，你必须要好好地学习，而不是画你那些乱七八糟的玩意儿！"

"不！"听到老师的怒吼后，凯蒂也大声地回敬她："我只听见上帝说，兴趣是最好的老师，可我最好的老师不是学习，是画画。"

终于到了大学毕业，凯蒂对画画的兴趣丝毫未减。领回毕业证书的那夜，凯蒂告诉父母，他不想上班，而想继续深造——学画。听到"学画"两个字后，父亲的眉头立刻就皱成了一团。凯蒂的家境并不宽裕，三个弟妹都还在上学。毕业之后，父母其实很想他找一份工作，不说让他养家糊口，起码他也得独立营生。

无奈凯蒂对画画实在太有兴趣，正当他准备再行争取的时候，母亲先开口了："凯蒂，上帝让我告诉你，你现在最需要的不是画画，而是找一份工作，好好养活你自己。你知道的，你还有三个弟弟妹妹都指望着你父亲呢！"

于是他不得不暂时放下学画的念头，选择了工作。为了那个家，为了养活自己，后来他在单位一干就是十年，薪水一涨再涨，职位也是一升再升。可是在工作上正是如日中天的时候，他却突然向上司提交了辞呈。当得知他辞职的原因是想改行学画后，上司一直摇头："凯蒂，别说我没告诉你，上帝知道，你现在有着一份多么令人艳羡的工作。你今天放弃了，将来必定会后悔！"

凯蒂没有接受上司的挽留，他说："不，上帝告诉我，如果再不为理想付诸行动，这辈子我恐怕就真的来不及了！"他毅然地离开了工作岗位，并且义无反顾地走上了画画的道路。

三年后，他在当地画坛崭露头角。

五年后，他成了国内知名画家。

十年后，他已经在世界上三十多个国家作过巡回画展。

后来有人问他："你当初为什么没有听从老师、父母还有上司的劝阻，放弃画画呢？"凯蒂笑了笑，说："因为我知道，其实上帝什么也没跟他们说。"

# 弯下腰，
# 才能接近梦想

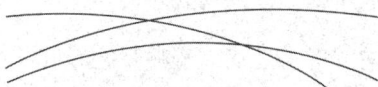

当你驾车行驶到成渝公路中段时，你会惊奇地发现一个门外排着长队的路边店，店名叫"唐僧柚长生店"，也许你会好奇地停车看一看。

说起这"唐僧柚长生店"，还有一段温馨的故事呢。这家店店主叫张可，是位二十多岁的年轻人。前年，张可大学毕业，揣着毕业证到处找工作，但由于他学的是动画设计专业，别人虽然对他的作品和才华表示欣赏，但对他的工作要求无一例外地摇头拒绝。实在没有办法，他也只好留在妈妈开的水果店里扫地打杂，他自我解嘲说："斯文扫地嘛，我读了十几年书，也算成了斯文人，那就让我从扫地干起吧。"

因为本地盛产柚子，不仅外形美观，而且个儿大汁甜水分足，颇受外地人喜爱，因此张可家的果品店主要出售柚子，但当地这种售卖柚子的路边店特别多，竞争激烈，所以生意不免有些冷清。

一天，店门前来了一个胖嘟嘟的小孩，手里拿着五毛钱，声称要买"唐僧柚"。张可说："哪里会有唐僧柚？去，到一边玩去吧！"

谁知小孩突然哇的一声大哭起来，张可有些不知所措。张可妈见小孩哭得挺伤心，不像故意调皮的样子，于是抱过来轻声抚慰着，经过细细地询问方才得知：这个四岁多的小孩叫嘟嘟，最喜爱他的爷爷得了病，嘟嘟听到邻居说爷爷得了什么癌症，活不长了。嘟嘟回家大哭起来，爷爷安慰他说："乖孙子别哭，你看西游记里不是说吃了唐僧肉可以长生不老吗？爷爷要是吃了唐僧肉，可以长生不老呢。"

于是，嘟嘟就自个儿出来买"唐僧肉"，可是小孩发音不太标准，大家就听成"唐僧柚"了。找了几家店不是不被搭理就是被轰开，也有耐心一点的，叫他到柚子店来问。张可理解了孩子的委屈，原来是爷爷用善意的谎言安慰孙子，不料孩子却信以为真。孩子抽抽噎噎地说："爷爷说吃了唐僧柚可以长生不老，我要买好多好多唐僧柚给爷爷吃。"这可怎么办？张可突然一拍脑门，心想："我在柚子上画个唐僧，不就成了唐僧柚吗？"张可挑了个最大的柚子，拿出画笔画起来，也就几分钟时间，一个活灵活现的卡通唐僧就"跃然柚上"了。他对嘟嘟说："拿回去吧，爷爷吃了病就会好的。"嘟嘟欣喜不已，蹦跳着跑过来抱起"唐僧柚"回家了。

闲着无事时，张可又在一个个柚子上画了林黛玉、张飞、李逵等名著人物，顾客见了，喜欢得不得了，都挑着有画的柚子买，有的顾客主动加倍付钱。张可来了精神，没人的时候就画个不停。

一天，张可正在专心作画，突然听到店门外传来鞭炮声，只见嘟嘟拉着他爷爷，捧着一个牌匾笑盈盈地进来了，一进门，就连声说："感谢您的吉言，吃了您的唐僧柚，我的病果然好了！"说着，把写有"唐僧柚长生店"的牌匾递给了张可。

原来转省医院复查得知，嘟嘟爷爷的癌症属于误诊，在心情上起死回生的他十分高兴，特地请人制作了这块牌匾，一为表示对张可的感谢，更为自己从地狱直通天堂的欣喜制作了这个牌匾。这个与众不同的牌匾引来了很多人的好奇，一传十十传百，店里人气越来越旺，很多人都为一睹张可的柚画而来。渐渐地，店里人手不够了，他母亲干脆把店全权交给张可打理，自己在店里帮张可扫地打杂。张可受到鼓舞，经营热情大增，张可正式把水果店取名为"唐僧柚长生店"。有人建议他用小刀辅助作画，这样即使吃了柚肉，果皮可以作为艺术品收藏还可以长期欣赏。于是他把果品根据顾客的需要打包销售，每个包装里放一个画有唐僧形象的柚子，这样，很多人不管远近都慕名前来购买，尤其是那些专门探望病人的顾客。有成都、重庆的客人还专门开车来买，渐渐地张可的"唐僧柚"需排队购买，远近的顾客只为买个热情，买个可口，买个吉祥如意的好心情。

今年六月，张可在一年多实体店基础上，又在淘宝开了一家名为"唐僧柚长生店"的网店，张可发挥自己的专业特长，生动形象地介绍自己的网店、自己的家乡及家乡的特产，不仅把自己的网店装饰得生气勃勃，而且还把自己的创业故事等以动画、漫画的形式展示出来，再配上幽默有趣的解说，网店的点击率和下单量节节攀升。各地订单如雪片般地从四面八方飞来。为此，张可给自己经营的具有独特包装的果品申请了注册商标"唐僧柚"，接下来的目标是要把它推向全国，销出国门。不久前，本市晚报记者对他进行了专访，记者笑着对他说："看目前的状况，你的'唐僧柚'可有扫平天下的趋势哩！对于现在的成功，你有何感想？"他谦虚地说："自己还谈不上成功，只是走在追求梦想的路上而已。我们只要愿意俯下身子，从一屋扫起，那么我们就会一步步接近梦想。"

# 你的梦想
## 为什么不能实现

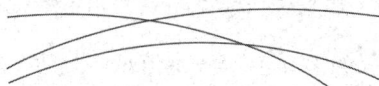

昨天晚上，一个女生读者在网上找我。她说："自卑怎么办？我严重自卑。"我忙着写稿，随便回了她两句："学习，健身。"

我的意思很简单，一个人自卑，无非两个原因：外在或内在。外在的话，就去健身。不是说相貌不重要，而是相貌与生俱来，改变不了，那就尽力改变能改变的，比如身材，去健身房锻炼身体。你身材好了，外在的吸引力必然增加。内在的话，很简单，学习吧，多读书，多思考，多跑图书馆。使自己懂得更多，思想更深邃，更有内涵。谁都不喜欢浅薄无知的人。女生想也不想就回我："没用的。骨子里的自卑。"我吓了一跳，骨子里的自卑？难道要骨髓移植？

我忙着写稿，没工夫跟她细聊，只说："不是学习没用，而是你根本没学到家。才学了点东西就抱怨说学习没用，废话，就那点积累，当然看不出效用。学习不可能没用的，是你没积累到一定的量而已。你读一本书和读十本书没什么区别，可能还是一知半解；等你读完一百本书，区别就大了，很多不懂的东西都能豁然开朗。要想让自己更有涵养，多读书，多学习，多积累，没别的途径。"

女生没说话。我想可能我说太重了，太自以为是，太说教。又给她讲当年我拿信息学奥赛一等奖的事，我说："你现在抱怨说努力了也没用，就好像我那些同学也做了参考题，却没拿一等奖一样。事实上，我们做的题量，根本不在一个数量级。你刚刚起了个头就说看不到未来，废话，要这么容易看到未来的话，这世上就没那么多一天到晚怨天尤人的人了。"

其实很多事情，包括学习和健身，不累积到一个数量级是看不出效果的。我最近在健身，练哑铃，做俯卧撑，恨不得当天就练出胸肌来，天天看自己的胸部有没有壮实点，结果没有。不仅一天没有，两天、三天、五天、十天，都没有。我当然知道健身是一个漫长的过程，很多人花上四五年的时间才练就一副好身材，我这么急躁，只会叫自己失望。失望久了，总是看不到好的成果，不能形成有效的"正反馈"来刺激自己继续努力，可能就要放弃。

这正是许多人对待学习的态度：急于求成。学习一天、两天、三天、五天、十天，怎么都没效果？然后觉得没用，然后放弃。殊不知很多知识渊博的人花上几年、十几年、几十年的时间才累积到那样的地步。

人与人之间，一天两天的差距，你是看不到的。等你看到差距了，绝不是一天两天。所有的好和坏，成功和失败，平凡和优秀，都是漫长时期积累的结果。

都说罗马不是一日建成的，可这种耐心与坚持，在我们年轻人里，在这有点儿浮躁的一辈人中，是最缺的品质。静下心来学习吧，勿骄勿躁。一步一个脚印，不要急于求成。

# 梦想从来不会
# 抛弃追逐它的人

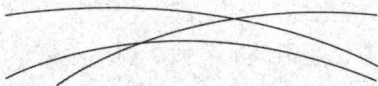

  2014 年 3 月，一个新开办的互联网垂直招聘网站上线，仅仅几个月时间，这个招聘网站就拥有近 500 家企业用户，累计个人用户达 4 万，并被一家著名的风投机构看中，获得百万级天使投资，成为之前一些老牌的招聘网站拉勾网、内推网的有力竞争对手。这个网站的名字叫内聘网，他的创办人名为肖恒。

  同许多年轻人一样，早在大学读书期间，肖恒的内心里就萦绕着一个梦想，那就是自主创业，开办自己的公司。那时候，互联网事业蓬蓬勃勃，造就了一个又一个创业传奇。肖恒大学所学专业是计算机，读研究生时又专攻软件与微电子，他踌躇满志，期望自己能够学有所用，在互联网领域开创出属于自己的一片天地。

  然而踏入社会，肖恒发现，除了满脑子的专业知识，自己两手空空，想要创业，何其容易！恰在这时，他得知日本的一家公司急需计算机研发方面的人才。肖恒心想："这家公司是世界500 强企业，如果自己能在那里积累一些工作经验，肯定会对以后的创业有所帮助。"去日本，首先要懂日语，但是肖恒除了简单的问候，连一句完整的日语也不会讲。所幸的是这家公司看中了他的专业水平，破例录用了他。

初到日本，一切都很艰难，特别是语言方面的障碍让肖恒吃尽了苦头。为了尽快学会日语，肖恒像蚂蚁啃骨头一样，从最简单的单词发音学起，他的宿舍墙壁上，到处贴满了日语单词，短句。由于长期、高强度的听力练习，一年后他便落下了耳鸣的病根子。当然，与此同时，他的日语水平迅速提高，与人交流不再是问题。那段时间，无论多难，肖恒始终都抱着一个目标，那就是积累经验，为日后的创业打好基础。

四年之后，肖恒终于有能力创办自己的公司了。2007年7月，他注册成立了一家人才派遣公司。但不久受2008年日本经济危机企业裁员的影响，在坚持两年之后，公司倒闭。

这一次创业失败，肖恒在日本辛苦打拼的积蓄全都打了水漂，并且欠了一大屁股债。之后肖恒选择了回国，应聘去了华为，负责华为欧洲片区的项目拓展。

在华为工作，待遇非常不错，北京和欧洲两地跑的日子也带给他截然不同的生活感受。但是，这种安逸、富足的生活并不能够让他忘记自己的梦想。2012年4月，肖恒开始了他的第二次创业。这次他做了一个叫"职来职趣"的职业社交网站，但由于选择的点出了问题，一年半后，依然以失败告终。

两次创业失败给予肖恒沉重的打击。这个时候，他刚刚做了父亲，事业的不顺让他把全部心思放到了孩子身上。

一天，他陪孩子看一部名为《极速蜗牛》的动画片，原本对动画片并不感兴趣的他看得入了迷，被那只名叫特伯的菜园小蜗牛深深地打动。特伯一直渴望成为世界上最伟大的赛车手，而这个荒唐的梦想却使他遭到了蜗牛族群的唾弃。然而，在一次离奇的意外中，特伯获得了非凡的能力，并逐步接近了他曾遥不可及的梦想：与世界知名赛车手一较高下。一只小小的蜗牛尚且如此执着地追逐梦想，自己又有什么理由放弃呢？为了梦想，像那个小蜗牛一样坚持下去吧！只有坚持才能让那些看似不可能的成为可能！

肖恒重新振作起来，他先是花费很大的精力做了市场调研，对自己上一次的创业失败进行总结。在他看来，单纯依靠一个线上的社交网站，很难形成彼此互惠互利的关系，正是因为这一点才导致了"职来职趣"的失败。对职场人士来说，求职才是刚需，如何让招聘方、求职方都能从刚需中享受到更好的服务，这便是自己的机会。基于这样的想法，肖恒创办了内聘网，即通过对双方需求和条件的分析，把相对合适的人推荐到相应合适的职位，从而完成招聘过程。

虽然类似的互联网垂直招聘网站有很多，但大多数公司更像是在做信息平台：吸引招聘方和应聘者入驻，形成庞大的供需信息。相比之下内聘网是按需求和资料信息的匹配程度排序推荐，包含了更多人性化的体验和理想化的东西在里面。因此，内聘网上线两个月，就已向企业成功推荐求职者候选人超过 1000 人，面试率达到 50% 以上。

当然，对于肖恒来说，创业还刚刚开始，未来的路还很长。但是，这次创业成功，让肖恒明白，其实梦想没那么遥远。面对记者，肖恒信心满怀："没有抛弃人的梦想，只有抛弃梦想的人。只要认定目标，坚持不懈地朝着目标努力，总有一天能到达梦想的彼岸"。

# 浅薄的人说梦想，
# 踏实的人实现梦想

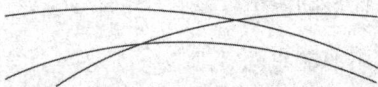

四年前，入职培训时，班上有一个小个子的姑娘，她很少发言，也极少表现，多数时候只是安静地坐在一个角落里听课，然后低头做笔记。她是唯一一个天天到图书馆报到的姑娘。没有人会关注这个不起眼的女孩，二十四五岁的男男女女只沉醉在初识的兴奋中，然后成群结队地去聚餐，甚至忘了最后的结业演讲。结业考试的最高分是她，连老师都说，这是一个意外的惊喜。她穿着职业装，淡然自若，而字斟句酌的演讲中，我们成了观众，自惭形秽。她演讲的最后一句话是：我想，在梦想的路上，我会做一个低头赶路的人。

年幼的时候，我们总喜欢谈理想，因为还没有长大，便以为有一条长长的路可以通向远方。就像你去问幼儿园的孩子，他们会告诉你，我要得诺贝尔奖，我要成联合国秘书长，我要成作家，我要成飞行员。可年少的我们，并没有为之努力，有的只是无休止地应付和疲惫不堪地做梦。等长大之后，发现梦还在嘴边，可曾经梦中的一切开始灰飞烟灭，而仅剩的理想，也不知该不该坚守。

惰性使然，现实总是残酷，有些人便一头把梦抛下，有些人的梦还是海市蜃楼，停滞不前。他们的梦中有无数美好的情状，却换不来自己脚踏实地的一小步。十年前，我去一个北漂好友的地下室，她抽着烟告诉我，她想成为最好的音乐人。当时，我只看到琴上有灰，曲谱都已折皱，地上有一堆的烟蒂，发霉的气味在我连续十天在北京的日子里都存在着。十天的日子里，每每我去找她，她都在蒙头大睡。可在吃饭的间隙，她又生龙活虎地谈着她的梦想——比如以后想签约某公司，以后想与某某某合作。十年后的今天，她依旧没有走出她的地下室，有的只是越来越大的烟瘾和越来越发福的身材。她白天睡觉，晚上便去泡吧，她办了很多信用卡，债台高筑。她还是偶尔提及她的梦想，只是她的梦想虽然明朗，却越来越远。

有一首诗歌是：我不去想是否能够成功，既然选择了远方，便只顾风雨兼程。在越来越不确定的今天，我们看到偶然成功的同龄人，总会害怕被甩在身后，所以内心不安且焦虑。梦想近在咫尺又遥不可及，有时，我们甚至害怕自己成为玻璃瓶中的苍蝇，看得到远方却飞不出固有的天地，以为前途一片光明，却总是徒劳无功。在颠沛流离的生活面前，我们放弃了脚下蹒跚的每一步，渴望随时一步便能跃上天堂。

可是，我们朴实的梦想需要逐步地推进，我们不知道哪一刻就成功了，可是不努力，那一刻就不会来临。加州大学读研究生的表妹在某个夜晚发的煽情微信：这里的图书馆是没有夜晚的，每个人都在低着头看书，倦意是皮囊之外的事，只有一双双盯着电脑做项目、写作业的眼睛，整天面对自己的空乏。她去美国之前，还只是个小姑娘，手机里是停不下的流行歌曲，而如今是一大段一大段的英文书籍，她的社交网站上，不再是肤浅的自拍照和大片大片的心灵鸡汤，多的是那些息息相关的专业资料和业外人士不再识得的专业术语。

那天，我看到一段文字：我们虽不在同一个地方，却同样走过心灵的夜路，路遥远，青春被现实甩干脱水。但大部分年轻人已不把梦想挂在嘴上，而是沉默地低着头大步赶路，直到黎明的风吹到脸上。忽然想起小时候父亲与我说过的话：浅薄的人说梦想的时候，踏实的人已经到达梦想了。

# 敢于做梦，
# 人生才会精彩

有一位美国老人，名叫谢尔登·阿德尔森，自小在贫民窟长大，因为敢于做梦，12岁以报童起家开始创业，打拼40多年成为全美第三富翁。74岁时财富一下蒸发90%，继续打拼再登富豪榜。这个老人的跌宕人生路就像过山车一样惊心动魄，而他却是世界上财富增长速度最快的有钱人，不能不说他既是不可复制的奇迹，更是令人叹为观止的神话。

0岁：1933年出生，全家6口人只有一张床和一间房，挤住在美国波士顿的一处贫民窟里。父亲是一名出租车司机，母亲为生计在家中干些缝纫杂活贴补家用。

12岁：在贫民窟长大的他，跟叔父借钱200美元，租下街边两个摊位，开始卖报纸创业，这一干就是8年。

20岁：结束在街头颠沛流离生活，敢于做梦，不断发现并抓住商机，卖洗发水、剃须膏等给汽车旅馆。随后当兵以及考取大学学习公司理财，走出校门，做贷款经纪人、投资顾问和理财咨询师等职业。

　　30 岁：前往纽约寻求梦想和发展，从事媒体广告业务。尝试无数行业，成为一名管理着 500 万美元基金的风险投资家，大到原子能源小到宠物商店成功投资 75 家公司。1969 年股市大崩盘，他损失惨重，但很快抽身投资圈，进军房地产业。没过多久，他唯一的业务受到重创，房地产生意就此关门。在加利福尼亚一次由一家杂志主办的房展中，他再次看到机会。次年 3 月主办第一场会展，全美国科技产品经销商闻讯而来，展览规模越办越大。

　　40 岁：1979 年他通过自己投资的一本计算机杂志，在拉斯维加斯创办计算机供货商展览 Comdex，以 100 美元一个摊位的价格向主办地政府租赁展览场地，再以 50 倍高价租给展商，积累下巨额财富。20 世纪 80 年代，计算机业蓬勃发展，Comdex 展览会很快成为全球最大的计算机展会。

　　50 岁：迎来 IT 业黄金时代，人们无不想对 Comdex 展览会上最新科技产品一睹为快，比尔·盖茨、史蒂夫·乔布斯等 IT 与财富英雄的演讲更是展览会吸引人的重头戏。8 年后，参展商已达 2480 家，参观者超过 21 万。1989 年，他以 1.28 亿美元买下旧金沙赌场酒店，并建起美国首家由个人投资并拥有的金沙展览中心，以此转战并不熟悉的博彩业。

　　60 岁：1995 年被人称为"会展之父"，以 8.6 亿美元高价将 Comdex 盘给日本软银，此交易令他成为真正富豪。投资 15

亿美元炸掉金沙赌场酒店。三年重建，占地 63 英亩，把它与美国最大会展中心相连，建一座堪称全球投资最庞大的集住宿、娱乐、博彩的"威尼斯人度假村"，确立他在拉斯维加斯的富豪地位，并将博彩帝国延伸到亚洲，在中国澳门投资澳门金沙娱乐场，在新加坡建设滨海湾金沙酒店。

70 岁：2003 年身家超过 30 亿美元。不到 3 年，以每小时赚进近 100 万美元的速度，迅速拥有 205 亿美元，购买私人飞机 14 架，成为全世界最大的私人飞机群。2007 年财富上升到 265 亿美元，位于《福布斯》全球富豪排行榜第 6 位，在美国排名第 3，仅次于比尔·盖茨和巴菲特。74 岁登上人生最高点。

74 岁：2007 至 2008 年间，金融危机爆发，旗下金沙集团股价下跌，一年之间损失 250 亿美元，财富缩水超过 90%。从谷底到顶峰花了 40 多年，从顶峰坠落谷底却只用一年。但他从顶点跌入谷底后再次登上顶峰，不得不说是一个奇迹。短短两年，他重新积累财富近 150 亿美元。2009 年成为《福布斯》杂志富豪排行榜有史以来，财富增长速度最快并成为全球最有钱的人。

今年谢尔登·阿德尔森迎来 78 岁生日，他的左腿饱受神经病变的痛苦，走起路来只能靠一根拐杖支撑，但就是这么个老人依然敢于做梦："总有一天我的财富要超越比尔·盖茨，变成世界首富。"然而，当被问及他的财富还差比尔·盖茨 300 亿美元，是否有兴趣回到从前的排位时，他的眼睛豁然发亮，最后这样回答："为什么不呢？我就是敢于做梦才拥有今天的财富。"

向现实妥协，然后才有资格谈论梦想

我认识的一个姑娘，叫橙子，最近忽然忙碌了起来，我们几次三番地约她吃大餐或者去她最爱的 KTV，她都毅然决然地拒绝了我们。

正当我们所有人都以为她有了一个不可告人的男朋友而且为此重色轻友的时候，真相忽然大白了，橙子决定去国外留学，所以她在准备托福考试。

这个真相让我们很不能接受。

因为橙子有一份全天下的女孩儿都会羡慕的工作，她是一个空姐。为什么她要放弃高薪的工作而选择留学呢？我们真的不理解。

橙子连任了小学、中学和高中的校花，追求者甚多，但她始终保持着一个校花应有的姿态，那就是迟钝。很多年后，当我们谈到她的那些追求者做出的蠢事的时候，她依然会一脸迷惘地说："啊，他那时候在追我？"

直到现在橙子都没有交过一个男友，她似乎把所有的精力都放在了爱好上。

小学的时候，她喜欢画画，从临摹到原创，把学校乃至区里的奖拿了个遍。然后某一天，她忽然功成身退，说她决定不画画了。

中学的时候，她又爱上了唱歌，没日没夜地练习发声，很快就包揽了所有文艺会演上的独唱，当她的音准和尾音已经有了专业素养的时候，她又戛然而止了。

后来她还陆陆续续迷上过许多东西，每次都能达到顶峰的状态，头脑好、体育强，长得还漂亮，到底让不让其他女生活呢？

那时候，我问她，你怎么什么事都能那么牛？她笑了，说她不过是把时间花下去罢了。

在很长一段时间里，橙子在我心里，就和那些神话人物没什么区别，我总觉得她离我很遥远。

再后来，她考上了很棒的大学，再后来，她考了双学位，再再后来，临近毕业，航空公司去她的大学宣讲，然后她忽然成了空姐。

我问她，既然你想做空姐，为什么当初不去考专业的学校？

橙子看看我，笑着摇摇头。

直到后来，我才知道了这些事背后的故事。

无论是画画、唱歌还是别的爱好，都需要一样东西来支撑，那就是钱，其实她的家境很不好，但她是一个倔强的姑娘，从不肯让别人知道，所以总是找理由放弃。

大学快毕业的时候，她已经拿到了心仪公司的 offer，但她最后还是选择了空姐，因为这份职业的薪水是最高的。

当时我问她："你是想要存钱买房子吗？"

她摇摇头说："我有一个梦想，梦想很娇贵，我得先向现实妥协，然后才有资格谈论梦想。"

原来她的梦想就是留学。

有人说橙子很傻，毕竟已经工作了那么多年，等她留学个四五年回来，已经要三十岁了，那时候能找到的工作说不定还不如现在。

还有人说，既然长得漂亮，为什么不去找个有钱的男朋友呢？让男朋友供她读书不就得了？

当橙子对我转述这些言论时，我只是对她说，那些人懂个屁。

梦想这种东西更像果实，当然要自己摘到才最美味，况且人生在世不过短短几十年，不肆意妄为一番如何对得起自己的青春？

所以说，梦想，应该是燎原之星，尽管并不能成为燎原之火，却能让人因为这片星光，想象那燎原之景，产生无限的动力。

# 如果不努力，
## 梦想永远只是梦想

8 岁那年，他喜欢上了羽毛球，可穷困的家庭只能给他提供一副旧得不能再旧的球拍和一个几乎要掉光了羽毛的"无毛球"。随着技术水平的提高，作为羽毛球爱好者的父亲不能给他提供更多的指导，可又请不起教练，他只好一个人摸索。

14 岁那年，他参加了一个比赛，因为表现优秀，伊拉克奥委会向他抛出了橄榄枝，只要他愿意代表伊拉克打球，伊拉克愿意提供比赛所需的费用，为了心中的梦想，这个伊朗人同意了。

24 岁那年，辗转坐了十几个小时的飞机，对场地尚没有熟悉，他就出现在广州亚运会的赛场上。面前的对手是中国香港第一单打胡赟，世界排名第 17 位。这本该是一场悬念不大的比赛，但第一局却打了 13 分钟，屏幕上显示的比分是 18∶17，距离局点只差三分。亚拉挥舞羽拍，发出了一个后场球。胡赟不敢大意——从开局到现在，双方的比分一直交替上升，差距始终没拉开。这不仅让前来观看男子羽毛球单打 16 强淘汰赛的中国观众感到惊讶，显然也让曾在中国国家队训练过的胡赟有些意外。这不奇怪，因为确实没有人认识他。即使在比赛当天，出现在赛场上的他，没有教练指导，也没有任何人陪同，局间休息他只能一个人喝水，比赛时打出的精彩回球也没有队友喝彩加油——因为他只是一个人。给他加油的只有零星的几个观众，因为旁边场地进行的，是陶菲克的比赛。

很快，当适应了他的球路后，胡赟稳住了局面，最后以21：18拿下了第一局。第二局，胡赟没有再给他任何机会，只用了10分钟左右，就以21：9获胜。

他叫亚拉·阿扎德·阿卜杜勒·哈米德，名字有些长，甚至有些拗口，他代表伊拉克，也是伊拉克惟一的羽毛球运动员，上场亮相时间仅有26分钟。

输了比赛，哈米德并没有感到多懊恼，"任何人都有梦想，即便那个梦想看起来不可能会实现，但如果你不努力，那梦想永远都只能是梦想。"

其实，人生旅途上，人人都是哈米德，背负着希望和梦想，艰难蹒跚地独自行走，只为了心中的那份坚守。有好多时候，没有人可以代替你去做你该做的事。就像哈米德一样，重复着每天训练10小时，每周训练5天的坚持。

为梦想而努力的人应该得到最热烈的掌声、最鲜艳的鲜花和最炫丽的舞台。我喜欢哈米德的一句话："是不是一个人不重要，我在做喜欢的事。"

# 5 你的底牌，又在哪里

了解自己的实力和目标，
走再远都丢不了方向

只有见得了光的种子，
才会发芽长大，
能够长期而良性存在的事物，
大多是明亮的，
犹如大多阴影，
往往都是短暂的存在。

# 你的底牌，
## 又在哪里

有一次，我们销售团队招聘新员工，过五关斩六将，留下了几位非常优秀的女孩。

我给大家做入职培训，从职场礼仪、时间管理到销售行为分析，她们听得欢声笑语，快结束时，一位刚毕业的姑娘J提问："听说做销售的女孩必须酒量大，能喝才能签单，是真的吗？"

我看看J，以及其他女孩紧张期待的神色，微笑说："我酒量大不大是个人行为，和工作没有关系，但是，假如在我的年龄和职级，还要靠酒量拼业绩，我觉得有点丢脸。如果大家愿意，我拖个堂，讲讲我们家门口王阿婆卖茶叶蛋的故事。"

她们立刻精神了。

王阿婆是个神奇的老太太，神奇得我都不愿意叫她"大妈"，恨不得喊一声"老师"。她与老公一起卖茶叶蛋和烧饼，每天只做500个，下午4:30开卖，基本6:30就被排成长龙的顾客队伍抢光，两个牛人做完收工绝不加班。摊位上只卖这两样东西，专业术语是"产品线"很单纯，可是，生意却好到要爆炸。

王阿婆不会发微博用微信，却网罗了几位小有名气的美食达人做网络传播，把她的茶叶蛋和烧饼推上"本地不可不吃的 10 个小吃"，这是媒介宣传；她和老公每天只出品 500 个，那些排成长龙的顾客不仅自带广告效应，而且买到之后常常惊喜自拍发朋友圈儿，这是饥饿营销；王阿婆在全城开了 6 家店面连锁经营，这 6 家店面的所有者是个手上有大量小门脸的富二代，他用门面租金入股了王阿婆的小生意，这是融资，资源与资本双投入，于是，王阿婆占据了城市人流量最密集的黄金地点。

只是，生意这么好的王阿婆从来没想着要吞并这个城市所有茶叶蛋摊点做行业 NO.1，每当我逗她："婆儿呀，你的实力再开 10 个店一点问题没有。"她就笑眯眯地说："那得花老大劲儿啊，我们现在一天忙几个钟头，回家轻轻松松打打小麻将，老两口带着女儿女婿，过得不要太滋润，何苦那么作践自己。"

这是有能力却不盲目扩张。这个女人，了解自己的实力和目标，走再远都丢不了方向。她有自己的规则：第一，每天每个店只卖 500 个，你可以排队，但我绝不加班；第二，再熟的客，先付钱后拿东西，不预订不赊账，先来后到一视同仁。她做的是买卖，并不准备把自己所有的时间、精力全部搭进去。以上是我佩服这个老太太的地方。

女人真正的能力，不是屈从世界的规则，而是自己给世界制定原则，心里没有这个谱儿，就是一个任外界揉捏的软柿子。谁会发自内心尊重和钦佩一个软柿子呢？谁不想做她的主，占几分便宜呢？

什么时候会有"潜规则"？

第一，身处一个充满"潜规则"的行业，正常的"规则"在这里行不通。有没有这样的行业？当然有，可是不多。

第二，个人没有按照规则行事的能力，无法用光明正大的方式解决问题，明的做不到，只好来暗的，"潜规则"就有了市场。

不想遵照潜规则，就要有自己的实力和原则，潜规则特别钟爱脸上写满欲望，骨子里却没有能力和勇气实施的人。

口红只能帮助你打开局面，决定一路闯关的，只有对自我了解清晰的底牌的实力。

世界不是阳光灿烂鲜花盛放，也不是乌云密布天雷阵阵，它有明有暗，有起有落，如果你愿意从更长久的时间段来看，只有见得了光的种子，才会发芽长大，能够长期而良性存在的事物，大多是明亮的，犹如大多阴影，往往都是短暂的存在。

# 没有谁天生好命，
## 只有不懈拼命

我的一个朋友，总是觉得自己命不好，吃汉堡都能吃到苍蝇，喝开水都会胖。她每天上网到凌晨，然后中午十二点起床，过了几个月她开始间歇地吐血。

她说：你看我命多么不好。

我没办法劝好她，可是我没法不管她。她单纯天真，天赋异禀，不知道对人防备，也从没坏心。

她的灵魂总是紧绷着脸恼怒地瞪着这个世界，却不知我们和这世界一样，爱她这真诚的模样。

我的另一个朋友，她说知道自己胖，交了男朋友也吵架，不把她放在心上，终于分手，她说我心知肚明都是因为自己不够好。

如果我高挑又苗条，有着那个谁谁谁的天使容貌，我一定不会落到这样卑微痛苦的境地。

可是她是那样一个容易满足的可爱女孩。

当我忙到深夜准备东西的时候，静静地陪在我身边不走开，帮我分担一些工作后自己又累得上火。

即使是再简陋的工作也总能做得兢兢业业风生水起，上完班买个点心去自习室准备进修考试。

卑微坚强咬着牙含着泪地和生活对抗，硬挺。

可是我还见过一些女孩，上名校，进大企业，打扮永远那么亮眼，神采永远那么飞扬，生活得总是风姿绰约游刃有余的样子，总有那么多的崇拜和拥簇。

我还认识一些女孩，身材高挑匀称，妆容舒服清新，参加各种"美丽"的比赛，在台上展示风采，台下，总是一片的闪光和赞叹。

直到我和她们成了朋友、情人，才能看到不会暴露在人前、网路上的那一面。

她们挑灯苦读的夜晚，绞尽脑汁逛遍商店找到最适合的那件衣，五点半起床背掉的那一本又一本单字书。

每周至少三次清晨的跑步、瑜伽、游泳、舞蹈，成千上万遍地在大镜子前踱步、摆位，

年纪轻轻当上品牌经理的她拨开藏起的白头发，告诉我，并没有什么天生的好命。

她告诉我：生活这场表演，更需要百遍练习，才可能换来一次美丽。

生活给你一些痛苦，只为了告诉你它想要教给你的事。一遍学不会，你就痛苦一次，总是学不会，你就在同样的地方反复摔跤。

包教包会，学会为止。

你以为只有你倒霉、不顺、挫折、郁闷，仿佛永远看不到未来。

你以为只有你有解决不完的问题，倾诉不完的烦恼，逃不掉的郁闷，等不来的好运。

你以为大家都是等着天上掉好运，砸到你，从此你衣食无忧，不用努力就很瘦很白很美，坐等着让人羡慕。不用付出就有回报。

这样的人有没有？有，但是真的很少。而且最重要的，你不是。

你不知道那些所谓好命的女孩在哪一个深夜多做了哪一道题所以多会了哪一点知识于是比你多了那么 0.01 分，你不知道，好命的女孩也不会知道。

你不知道好命的女孩在哪一顿饭比你少吃了哪些东西在哪一个体育场多跑了几百米所以比你瘦比你美比你精神，你不知道，好命的女孩也不会知道。

可是我猜测，她们都会知道，在年轻的时候，不能懒惰，不能停下，要厚积薄发，要不留遗憾，要拼尽全力。勤能补拙，苦尽甘来。

都是一样的人，都会面临一样多的问题。人的一生，也不过是解决问题的一生而已。奋力向前奔，一定头破血流，可能闯出天地，但是不勤奋地拼一下，就只有混吃等死。何来好命，只是自己选择的路罢了。

回头望去，谁不是一路的血迹斑斑？

只是在每一个演出、考试、比赛的当口，闭上眼睛，想起这一路鲜活记忆，很充实，已尽力，不遗憾，因为活得太用力而记得那么清晰，不由自主地微笑起来：已经无愧我心，其它尽凭天意。

因为在这条路上，我们并没有选择。无路可退，也无法逃避，只能让肃杀的风凌冽地扑面而来，冻得鼻青脸肿却不屈地缓慢前行。

不是风雨之后总能见彩虹。

但是咬着嘴唇温柔又倔强勤奋又无惧的女孩总会胜利。

# 生活的法则，
# 知微见著

她大学毕业时，就业形势非常严峻。好在，功夫不负有心人，总算有一家公司给了她面试的机会。

面试过后，她和几个年轻人一起进入了公司最后的考核环节。公司给他们交代的任务是：将公司去年的部分文件整理归类并在微机里建档保存。

他们忙碌了一整天后，总部传来消息，说是暂停招聘新员工。因为这个原因，其他被考核的人纷纷挤到人力资源部抗议："怎么能这样，这不是耍我们吗？"人力资源部经理费尽口舌，给他们做出了解释，并承诺给他们争取一定的报酬，他们才不欢而散。经理折回时，却发现她还在档案室成堆的文件里忙碌。

经理歉疚地看着她，说："真不好意思，让你白忙活了一天。没办法，这是总公司临时的决定……下班了，回去吧，你明天就不用来了。"她站起身来，微微一笑，说："没事，只是这些文件我都整理一多半了，如果换成别人，又要从头开始。活儿没干完我心里不踏实，我明天来吧，再干一上午就足够了。"

第二天，她如期而至。离开的时候，留下的是一排排装订好的文件夹和一间整洁的档案室。

不久后的一天，她接到一个电话，是那位经理打来的，说公司有职位邀请她前去应聘。就这样，她以阳光的心态和踏实的处世方式赢得了这家公司的认可，顺利成为这家公司的一员。

进入公司后，她被安排在前台做接待。这是个不起眼也难以出成绩的岗位，但她毫无怨言。上班第一天，她就换掉了那本破破烂烂的登记簿，扯下了脏兮兮的部门电话联系表，取而代之的是 16 开的大本，封面是自己打印的公司简介，至于联系电话，她连续几个晚上熬到十一点也就熟记在心了。很短时间内，不光是电话号和房间号，有关公司的一切她都成竹在胸了。

一次，几个客户来洽谈业务，坐在了一起。谈话间，他们流露出对新合作伙伴的业绩不太了解的神态。见此情形，她主动走上前，礼貌地说："如果可以的话，占用各位一点时间，我可以简单介绍一下本公司的情况。"在众人惊讶的目光中，她将公司近几年的销售业绩、市场份额、运行情况说得有条不紊。待销售经理迎出来时，客户们赞不绝口："了不得，你们公司一个普通员工都能对公司的业绩状况如此了解，公司其他方面的良性运作也就可想而知了。对这样的企业，我们有足够的信心……"

事后，销售经理问她怎么记住了那些数字。她淡淡一笑，说：

"公司年会和每次的例会，各个部门的情况我都做了详细记录。"

可以说，她的事业心、责任心无处不在。她从来不带杯子到公司，为的是最大程度减少上厕所的次数。在她心里，每一个未知的来电都可能是一个潜在的客户，也许百万元生意就开始于一次及时而热情的接听。她总在午餐之后把大厅打扫一遍。有人说公司付钱给物业公司了，你何必自找苦吃？她说，物业公司的清扫时间比公司下午上班晚半个小时，中午时间进出的员工很多，地板上满是脚印，如果来了客户，肯定会影响他们对公司的第一印象。

因为她善于从细微处做事，很快，这个细心、周到、热情的前台，成了公司一道亮丽瞩目的风景。她的工作无可挑剔地得到了大家的认可。

每到年末，公司员工都要写一份年终述职报告，将自己全年的工作形成书面总结，既要总结经验，也要制定目标、提出建议。

公司许多员工认为这是形式主义，不置可否。大多是从网上下载一个文档，改改应付了事。但她不，她坚持一个字一个字地将述职报告通过键盘敲出来，因为她对自己的工作确实有很多感受，她也想借此机会给公司提出建议。

在撰写述职报告时，她竭尽心力准备材料，绘制图表。一周后，一本像时尚杂志的年终总结送到了公司办公室。彩色封面上是公司的标志和宗旨,扉页上有目录和提要。正文部分分别是我的工作、我的看法和我的建议。每一部分都有详细的数据和直观的图表，还用漫画形式披露了公司存在的不良风气和浪费行为，最后是态度诚恳的建议和充满激情的设想。

她这份年终总结，一下子成了公司的热门话题。一天，老总把她叫了去，说："无论是你第一次来应聘，还是这次写总结，都让人印象深刻。报告我看了多遍，你看问题很准，思路也很清晰，设想很有创意，但我更欣赏你对工作的那份责任心，你也许需要一个更合适的岗位，不是吗？"

就这样，她从别人看来不起眼的岗位走上了重要岗位，做出了事业范儿。当有人问她进步这么快有什么高招的时候，她笑笑说，前途不是胡思乱想就能想出来的，也不是耍花招能耍出来的，而是从细微处一点一滴做出来的。

生活的法则就是这样：知微见著的有心人，是不可能被长久埋没的。

# 路人，也可以
# 变成贵人

　　每当我好心鼓励二十多岁的年轻人善用"弱连接"——那些我们见过面，偶尔联系，但是还不太熟的人时，经常碰一鼻子的灰。这群家伙总是一麻袋理由："我最烦靠关系了。""我想凭自己本事找工作。"再或者就是"这不是哥的风格"。但事实上，真正能使我们人生快速而富有戏剧性改变的，往往是那些永远不可能成为死党的路人。

　　那么，到底如何善用弱连接，把路人变成贵人呢？

　　好多人认为"别人都有好多人脉，就我没有"。说这话的人，一定没意识到自己还有很多可以挖掘的资源，只是一直没有开发。比如说，高中和大学的校友就很有用；还可以去社交网上搜一些你们学校的社群，仔细浏览，看看校友都在哪里工作。如果某个人从事的工作正是你想要的，不妨打电话或者传电子邮件给他们，看看能不能安排一场咨询式面谈。

　　我们要主动去接触那些能给我们的生活带来巨大变化的弱连接，就算目前生活还不需要改变也要早早积累。

请求帮忙是开始的第一步。本杰明·富兰克林就是典型例子——

还是宾夕法尼亚州的一名州级议员时，富兰克林想争取到另一名国会议员的支持。在自传中，他回忆了一段鲜为人知的经历：

我想赢得他的认同，但卑躬屈膝不是我的风格，于是我换了一种迂回战术。听说他收藏了一本非常罕见稀奇的书，于是我写了张字条给他，说我特别欣赏想拜读一下，而且很客气地询问是否可以借我几天。他二话不说就把书借了过来，而我则在一周之后归还，并附上了一张字条，表达我的感激之情。结果，当下一次我们碰面时，他竟然主动找我谈话，而且非常客气。随后，他在各种场合都表现对我的认同。于是我们成了好朋友，这种友谊一直持续到他去世。这件事再次印证了一则我听过的古老格言："曾经善意渡你的人，极有可能再帮你第二次，第三次，就算你不开口，他也会主动帮忙。"

我们常以为，只要别人喜欢我们，就会帮助我们。不过，事情的运转模式往往是反过来的：一旦有弱连接帮了我们，他们中的一些人就会开始喜欢我们，有些甚至会变成我们生命中的贵人。

为什么一个人，尤其是年纪更大或者更成功的人，更有可能在开始时出手帮助别人呢？答案很简单，人都有一种心理——为善是好事，送佛送到西。这就是所谓的"助人者的快感"。期盼向弱连接寻求协助的年轻人，提供给了年长者一个做好事而开心的机会，除非他们提出的要求实在太让人望而却步了。

那么，什么样的要求会让人望而却步？

有些二十多岁的年轻人找上弱连接之前，还没弄清楚自己想要做什么，一心指望着"专业人士"交给他们一张光辉灿烂的职业生涯规划图。成功人士通常都是日理万机，有心恐怕也没有闲。试想，如果想要回答类似于"应该攻读什么样的研究生学位"的问题，敲出一封好几段的邮件真的得花很长时间。

富兰克林选用的是一种比较明确也更有效的方法。他知道对于一个忙得四脚朝天的成功人士来讲，太含糊的话等于没说。于是他先找出这位议员的专长领域，提出的要求合情合理，也让对方觉得这人蛮认真蛮有品位的。

这也是我推荐的方法：事前做好功课，理清自己想要什么，然后客气地请对方协助。

只有当我们抓住每一个认识新朋友、接触新观点的时机，把路人变成贵人时，我们可能才会体会到，在别人的帮助下更容易达成梦想，比你一腔孤勇、死要面子地独自去努力奋斗愉快多了，也有益多了。

# 写好自己
# 的前传

　　谁也没想到，毕业于北京二外、英语过了 8 级的表妹会选择做空姐。去年的这个时候，她跑来问我，你说，去工行做柜员和到世界各地飞来飞去，我该选哪个？

　　这俩选项确实有点远。我只能说，看你想要什么样的生活。没错，工行意味着稳定，随着资历的增长你会有更大的升职空间。空姐不一样，在职业的前半程，你可以拿着比同龄人高的薪水吃喝玩乐，可是到了职业的后半程还得重新想出路。

　　可是，这姑娘铁了心要去看世界。

　　几个月后，她如愿以偿，法兰克福、墨尔本、东京、首尔、斯德哥尔摩……她说，语言的优势很快让她在小组里脱颖而出，迅速拿到飞国际航线的机会。

　　看着她在德国的小火车上感叹老龄化问题，在墨尔本的黄金海岸踩沙子，我想起这姑娘一年来的委屈与成长。

　　第一次来吐槽，是顾客把面包砸到她的身上。航空公司的面包是硬了点，她一直在解释，可最终还是成了顾客的出气筒。我问，那你当时是怎么做的？她说：我捡起面包进了工作间，进去之后，眼泪就哗哗地下来了。我感叹，这姑娘好有职业精神。

第二次一起吃饭，她说，大家对她的评价是"不像90后"。嗯？看来你很靠谱。她乐，关键是大家都太把自己当公主了。举个例子。有一次飞行途中，飞机上的卫生间出了问题。空姐们都捂着鼻子摊着手，这可怎么办呀？其实谁都知道该怎么办，但就是没人肯出头。表妹看着洗手间门口的人越来越多，拨开众人走了进去。问题自然是解决了，她的雅号也来了，女爷们儿。

同龄人可以说出很多她被器重的理由，她自己也可以说出个人专业上的优势，我想说的是，每个人都有自己的机会前传，你最后拿到的那个机会，并不是空投下来砸到你身上的，也不会仅仅因为学历与资历就落在你的身上，关键是，如果你在非考试状态下拿到好成绩，那么在机会到来的时候，你就可以直接免试入场了。

总是被拿出来念叨的前传还有不少。

某某某对自己真够狠的。刚到单位，就跟着小组做项目，本来是个无名小卒，项目结束已经成了头号种子。你说一小姑娘，啥杂事都干，晚上直接睡沙发上，这样的拼劲儿，哪儿不抢着要。

还有那谁谁谁，实习的时候把一破事儿干得特精彩。本来可以随便应付，他生生做得让所有人记住了。事情的结果很简单——

这个本来不是他的机会，关键时刻给他加了分。

聪明人会说，我的精力是有限的，得有的放矢，做些对实现目标有意义的事。可是，你真的认为那些在职场中摸爬滚打的，他们在做每一件事的时候，都知道自己能收获什么吗？

要我说，他们种下的只是一种"可能性"。在每一件事上，他们都用高水准要求自己，当高水准成为一种惯性，那些对付的、刚及格的，或者没有拿到高分的，在自己这儿首先就过不去。他们可能都没有意识到，是在什么时候种下了这些"可能性"，只是，种得多了，收获的概率也就大了。

很多人会觉得，那仅仅是一种可能性，我为什么要付出那么大的精力呢？或者说，我只做能看得到结果的事。于是，离结果最近的那些事，跟前堵了一拨人，虎视眈眈。在可能出彩的每一刻，他们却宁愿让自己闲着。这大概就是很多人的机会前传没有写好的原因吧。

最后说说我的同学。她在大学里做的那些事，神经大条的我们最初都不太理解。

比如，周五晚上女生们忙着吃饭逛街谈恋爱，她却忙着泡英语角。学校里承办一些国际讲座，我们都是后排观众，她永远坐在第一排。终于有一天，我们发现了自己和她的不同——她坐到了台上，我们还在台下。

以后的每一场国际讲座，非外语专业的她都是当仁不让的翻译。值得一提的是，在做翻译的过程中，她认识了很多国外高校的教授，对方对她青睐有加。于是刚一毕业，她就出国了。

这个前传写得过于精彩且不露痕迹，以至于多年后我们还在讨论，她是太积极太向上呢，还是内心一直有把尺子。不过无论如何，这都是一本能拿高分的机会前传。

# 你为什么
# 只拿最少的钱

北京某家具公司的老板，对待员工一向视能力而定，员工有多少能力，他就发多少工资。于是，很多拿低工资的员工心里不服。每次发了工资，他们就三五成群地在私下抱怨：凭什么我挣 3000元，别人挣 8000 元？我们不都是一个脑袋两条腿吗？

这个月刚发完工资，老板又听到不少员工在抱怨。他很苦恼。他的秘书小黎拍拍胸脯说："我给您支个招。咱给拿不同工资的员工做个'订餐测试'怎么样？您看看他们会有怎样的表现。当然，订餐不是真的，我和全聚德一名经理很熟，他会配合我们的测试。现在，您只要下个命令就行。"

老板按照小黎的建议，分别给公司里拿 3000 元工资的小李、拿 6000 元工资的小易和拿 10000 元工资的小杨打去电话，交代他们打电话到全聚德订个位置，中午他要和一个客户——A 公司的老板一起吃饭。

接到电话的三个员工分别忙碌起来。最先完成任务的是小易。他首先百度了一下全聚德的电话，可打去电话时，他被告知已经没有包间只有散台了。小易连忙打电话问老板订散台行不行。老板说行。小易很快订好了位置。订餐全过程，他花20分钟就搞定了。

一个小时后，老板给小李打去电话询问订餐情况。小李怯怯说了一句："老板，我没有全聚德的电话。"老板问他："你不会去百度吗？"半个小时后，老板再次打去电话询问。小李又冒出一句："全聚德的服务员说没有包间，只有散台了，所以我没敢订。"老板忍着怒气告诉他订散台也行。可当小李再给全聚德打去电话时，连散台也没有了。

小李订餐失败，老板气晕了。生完小李的气，老板又打去电话给小杨。

小杨已经安排妥了一切事宜。他接到这个任务之后，同小易一样去百度全聚德的电话、订好了散台位置。之后，他来到老板的办公室向老板询问了客户的地址，因为他要安排公司的车辆去接客户。进门时，他手里拿着一套公司的礼品，以及公司最新家具的样品图册，说是给客户准备的。临出老板办公室门的时候，小杨还说了一句："老板，A公司的老板最喜欢三国文化，在饭桌上，您可以和他多聊这方面的话题。"小杨的安排让老板非常满意。

至此，三个员工的订餐测试已经结束。秘书小黎请老板分析他们三个人的表现，自己则拿出纸笔做笔记。老板说："小李从来不知道自己该干什么。领导不安排工作，他就无所事事。他甚至心安理得地想：领导没给我电话，订不到位置当然不赖我。小易中规中矩。他清楚地知道自己的工作职责，能够按部就班去做，工作结果也基本不会出错。但我估计他很少有惊人的表现和突出的成绩。小杨的表现是最棒的。他不仅合理地安排好了自己的工作，自我驱动性还非常强，是典型的'自己给自己找活干'的员工。"

一个小时后，秘书小黎把几张纸交到老板的手上。原来，他把这三位员工的订餐测试故事整理成了管理案例。小黎对老板说："下周二的全公司会议，我重新安排了一下，给会议挤出了大半个小时的空余时间。到时，您可以拿着这个案例讲一讲。我觉得，不少员工会从这个案例中得到启示，然后不再去抱怨自己的工资为什么比别人的少。"

老板听完这些话笑眯了眼。他问小黎："你知道为什么你每个月能拿 15000 元的工资吗？"

小黎笑而不语。老板说："你不仅知道自己该干什么，还可以很好地安排别人去干什么。更关键的是，你能为我、为公司排忧解难。"

小黎听完会心地笑了。

# 有了野心，
# 才能万丈光芒

"拜托拜托告诉我到底该怎么做？！我想奋斗的时候看到有人说安逸是福，不该有太多野心。我想安稳的时候有人说不奋斗的年轻人都是傻 X，我到底该怎么办？"

我接到这通电话的时候有点懵逼，因为我清楚的记得柠檬前些天貌似才告诉我说她决定要去北京闯荡了，说自己其实是个很有想法的人，我还祝她成功来着。

我犹豫了一下，不知道该怎么安抚她的情绪，只好静静听她带着哭腔的倾诉，长途电话持续了半个多小时，我才明白她的症结所在。

这姑娘来到北京后在一家互联网初创公司工作，工资待遇不错，就是人少，又遇上争取下一轮融资的攻坚阶段，不得不一个人当两个人使。同事们整天累得怨声载道，但她却在这样快节奏的生活方式里如鱼得水。

用她的话来说："我觉着我特别喜欢这样充实的感觉，而且我还想要变得更牛逼。"她在这样的工作里找到了久违的快感，想要学习更多的东西好完成更多的工作。

可正是她这种活力满满的工作状态，却给其他同事留下了"这个姑娘侵略性很强，很有野心"的不太好的看法。

起初她醉心工作还没有察觉到周围的气氛越来越紧张，直到有一天她的某位同事说要请假，两天的工作量没法完成，她被上司安排去帮忙的时候，早就绷紧的那根弦噌的断了——请假的这位同事突然很生气地说不用帮忙，她不请假了。

姑娘虽然感觉莫名其妙，但也没多说什么。后来午休的时候，她进洗手间方便，却无意中听到这位同事正和另外几个同事讨论她，都是些不太好的评价。

最戳她心的，是有位同事说"别看她年纪轻轻的，野心大的不得了咧！恨不得我们都死了她好一个人全占喽！也不怕把自己撑死！"

她有些委屈地带着哭腔给我发语音："我什么也没干啊！我平时都尽力和她们好好相处的…为什么就被说有野心…"

我听见女生哭就头皮发麻，于是赶紧岔开话题回了句："可是你为什么会因为被说有野心觉着不舒服呢？"

她好像有点不明白，问我什么意思。

好吧，我的意思是：

为什么你不能心安理得的野心勃勃呢？

为什么有野心会变成一个带着嘲讽味儿的词?

为什么年轻人有点野心就会被笑话不掂斤量没大没小?

为什么大多数人把生活过成日复一日的庸常反而引以为傲?

究其根本,因为我们是听着孔融让梨的故事长大的人啊。

从小就有大人告诉我们"不要争,不要抢",懂得谦让的孩子才是好孩子。因为我们讲求"非淡泊无以明志"的境界,只有不谈名利的人才称得上高雅之士。我们认为资本的到来伴随着昭彰的恶意,我们认为物质的成功是血淋淋的,我们生怕表现出欲望,于是我们都缄默,却在有人表达欲望的时候默默痛恨的嫉妒着。

我们对野心避之不及,却又生怕别人得到。

有野心真的是一件可耻的事吗?

我想不是的。

前些日子关于"大城市好还是小城市好"的讨论十分热络,大致是关于为什么年轻人更喜欢北上广而不是回家乡的问题。

我想了想,觉着很大一部分原因在于北上广这样的大城市对年轻人吸引点之一就在于它更包容,更能容纳多元的价值观,因为大都市的广博,它允许年轻人做自己想做的事,它存的下梦想,也容得下野心。

野心其实并不可怕,只是表示我们期望达到更高的标准,完成更高的挑战而已,它甚至都不特殊。

换句话说，野心是培育梦想最肥沃的土壤，如果一直呆在舒适安全的地方，想要拥有实现梦想的实力不异于痴人说梦，梦想最后也只是空想。

Facebook 的创始人扎克伯格，世界知名的年少有为。他的 FB 主页上 Favorite quotation 一栏里写的着这样一句话："Fortune favors the bold"，中文翻译是"财富总是眷顾勇者"，这句话出自古罗马史诗 Aeneid，讲的是野心勃勃的特洛伊勇士埃涅阿斯开疆拓土，建立帝国的故事。你看，无论是过去还是现在，野心都是成功者的前提。

我之前写过一篇文章，叫《我只是喜欢安逸，难道就该死吗？》，讲了我一位朋友的故事。

于是有很多读者朋友来问我，一阵安逸一阵奋斗你到底是想说什么。

我只是想说，你做你的选择，并为你的选择负责就好。我不认同你年纪轻轻选择安稳，但我誓死捍卫你自由选择的权利。

况且想要把生活过得更好也是一种野心不是吗？

"我就特别看不起你们这帮年轻人，二三十岁就叨逼叨说平平淡淡才是真。你们配么？我上山下乡，知青当过，饥荒挨过，这你们没办法经历。但我今儿平安喜乐，没事儿打几圈牌，早睡早起，你以为凭空得来的心静自然凉？老和尚说终归要见山是山，但是你们经历见山不是山了吗？不趁着年轻拔腿就走，去刀山火海，不入世就自以为出世，以为自己活佛涅盘来的？我的平平淡淡是苦出来的，你们的平平淡淡是懒惰，是害怕，是贪图安逸，是一条不敢见世面的土狗！"

张嘉佳借大妈的口说辛辣的建议，我借这姑娘的问题祝你们野心勃勃，心安理得。

我对这世界一直心怀赤诚，感恩赐予我见识世界的眼睛，我好奇每一次相遇和别离，好奇高山大泽的秘密，好奇看不完的日出轮回，好奇茶与咖啡，酒与酒杯，好奇大海星辰，好奇故事与声音。

我贪心的想看遍世界上所有的美景，经历生命里所有的良辰。

人生在世不过短短几万日，世界广袤，未来还长，一生拼了命的奔跑都无法丈量，我们为什么不能野心勃勃地理直气壮？

你要有野心，有梦想，然后光芒万丈。

# 退无可退之时，
## 必须勇敢坚持

暑假的时候，一个大二的学弟跟我说他的三门专业课挂掉了，得等到九月份开学的时候进行补考。他特别郁闷，想找我聊一聊。

我问学弟，为什么会挂科呢？是因为课程太难学不懂还是自己主观上没有努力？

学弟说，这次挂科，是因为我对现在所学的这个专业不感兴趣，枯燥乏味，上课就跟听天书似的。考试之前我一点书都看不进去，根本就不想复习这门课，所以干脆就放弃了这些课程。早知道我们这个专业是学这些东西，我宁愿回高中复读去。

其实，一个专业学什么、做什么，就算四年大学读下来我们也只是很肤浅的认识，更何况我们在高中填报志愿的时候呢。无非是从互联网查询到一些信息，再加上亲朋好友的只言片语相互叠加印证，拼凑成了我们对这个专业的初步印象。于是，我们怀着未来光明远大的美好愿望在打印出来的志愿清单上郑重地签上了自己的名字。来到学校的时候发现，这个专业所学的东西跟自己所想的有差别甚至是大相径庭。于是，在心里逐渐萌生退意，逃课，挂科。给自己贴上一个不感兴趣的标签作为借口，想要让自己全身而退，又不被推上懦夫的风口浪尖，受到舆论的谴责。

但是，不感兴趣真的不足以作为我们逃避而不敢面对的借口。对任何事情，如果你没有真正地努力过、拼搏过、付出过，浅尝辄止，就急于下结论，告诉自己这个我做不了，那个我做不了，告诉自己兴趣才是最好的导师，既然我对这些不感兴趣，那我肯定是做不好的，这只能说明你懦弱，你对自己不负责任。对有些事情的兴趣是与生俱来、显而易见的，而对有些事情的兴趣则是随着认识的加深、了解的增多而逐渐产生的。就像大学所学的专业，有多少人是因为对这个专业喜欢、热爱、感兴趣才学的呢？我想所占比重不会很大。很多时候我们都是抱着好就业、挣钱多的心理学了某个专业，而在读大学的过程中慢慢对自己所学的专业产生了感情，是日久生情，而不是一见钟情。

能拿不感兴趣作为简单粗暴的借口来抵挡周围的一切，无非是给自己留好了退路，安慰自己天无绝人之路，船到桥头自然直，进可攻退可守，永远也不会走投无路，大不了就固守大本营，只要留得青山在就不怕没柴烧。所以有恃无恐，所以缺乏坚毅的勇气，所以不敢勇敢地进击，稍遇抵抗就节节败退，所以不敢尝试置之死地而后生。就像是学弟一样，没有拼尽全力去尝试学习理解专业课程，就想开溜，想着反正最后也能大学毕业，大不了就是补考和清科考。总觉得人生不易，何苦自己难为自己，还没入世，就自以为出世。于是还未激发自己的潜能，还没到弹尽粮绝的境地，自己就灰心失意，就想着开城献关，缴械投降，到头来的结果就是自乱阵脚，丢盔弃甲。

我们的一生不知道会遇到多少孤绝的境地，围追堵截，悬崖高耸，无路可退，生死悬于一线。那时候我们总渴望为自己的人生预留种种惊喜，拿出一个锦囊，就会逢山开路，遇水架桥，护送我们一路安全抵达，这听起来更像是童话而不是现实。在现实生活中，我们没有能力也不可能为自己准备那么多的后路，因为人生不是彩排，而是一次又一次的现场直播，容不得我们一次次的修改校正，所以我们只能逼着自己变得勇敢，迎难而上，向前冲，奋力闯，才能涉险滩，爬高峰，才能在绝望中找到希望，才能看到胜利的曙光。就像是《狼图腾》中的男主人公陈阵，一个人第一次在草原遇到蒙古狼，孤立无援，千钧一发之际敲响马镫、吓退狼群才能冲出狼群的包围圈，否则一味地退让躲避，只能是成为狼群的腹中之物。

所以当我们无路可退的时候，总要逼着自己勇敢。

于是从未跟人吵过架，独自一人在异地租房子的女生遇到刁蛮霸道不讲理的房东，也会逼着自己去据理力争，因为她知道暗夜流泪真的于事无补。

于是从未下过厨房做过饭，不知道调味品摆在哪里的男生在女朋友生病卧床的时候，也会逼着自己看着菜谱笨手笨脚地去炖鸡汤，因为他知道爱情是两个人的，生活更是两个人的，彼此依靠才能温暖。

　　于是从未学过某种技能，却异常珍惜得来不易的工作机会的女生，在接到老板的工作安排的时候，也会逼着自己熬夜看书自学赶进度，因为她知道工作机会都是靠自己的努力争取来的。

　　我们自己的人生总要自己来买单，不能幻想着一边自己破罐子破摔，另一边有人来给我们收拾残局。正如奥地利诗人里尔克在诗中写道："哪有什么胜利可言，挺住意味着一切。"

# 有些路，
# 只能自己去走

## [ 1 ]

前天凌晨一点被一个好朋友的电话吵醒。睡眼朦胧之下，先是听到电话那端的啜泣声。

"怎么了，这么晚打电话过来。"

"他……他要跟我分手……"哽咽之下，好不容易憋出这句话来。

"什么原因呢？"我试着看看能不能对症下药。

"感情也没有出现很大的裂缝，他只是说我们不合适，可是我们俩平时都还挺合拍的啊。"

"那你跟他后来有没有过沟通呢，或许挽留一下？"我按照劝解人的老套路跟她重复了一遍。

"打他电话也不接，微信也不回，都不知道怎样才能联系得到他。"这下子朋友的委屈如泄了洪的栅栏一样喷涌而出，开始嚎啕大哭。

"那你们正好也冷静两天，看看到底怎么回事，也别太伤心，或许会有转机呢对吧，所以你……"

"我不要，我就是着急想知道缘由，你快告诉我怎么做。"没等我说完她便叫嚷着要我告诉她方法论。

我沉默了几十秒钟。

其实在我看来，"不合适"这三个字就是不爱的借口。之前看过一段话说，看起来合适的情侣，都是经过了岁月的磨合，双方各自退一万步，收起属于自身尖锐的刺，才能够最终换来一个合适的怀抱。既然对方不愿意跟你一起度过这一关，那还何必苦苦纠缠呢。

但我不能说，我怕因为我个人的断论影响她自己内心的抉择，或许我说的没有那么正确，或许她和她男朋友之间只是单纯地吵吵架，很快就可以重归于好。

"跟随你自己的想法吧，好好冷静下来掂量掂量，你自己做出的选择才是最正确的答案。"随后我挂断电话。

夜已深，只能在电话这头祝福她，那个感情暂且不如愿的人啊，过了今晚之后，一切都能柳暗花明。

[ 2 ]

尹静是我大学时候的同学，毕业之后便只身南下去了广州工作。

年轻人啊，都有着股闯劲。然而初来乍到的新鲜感过了以后迎来的便是现实的考验。

新人刚入职时都会有相当一段时间的难捱期。要以一个很低的姿态，做一些很琐碎的杂事，就算不情愿也要学会哈着腰点头说没问题，身在体制内的官僚主义之下，有时还得忍受某些老人员的跋扈和刁难。

尹静的运气也是相当"不错"，那些糟糕的人和事都让她给碰到了。初到公司第一个星期，就经常被领导叫着做这做那，加班事多就算了，最重要的是老板分毫不体恤民意，对待她这种新面孔也毫不留情，天天摆着副臭脸发脾气。

然而压力远远不仅来自于工作，生活就像那压力不足的水管，总是差一点向上的动力。

由于当时光顾着租离公司近点的房子，所以对于房子的质量尹静并没有留心太多。入住时间长了之后，便发现了问题。空调时好时坏，在炎热难耐的夜晚经常被捂出一身痱子，房间隔音效果不好，半夜三更还能听到楼上咚咚的脚步声，还有那房间的窗户，安装的时候没固定死，一到大风天气便使劲摇晃。

同学小聚的时候听到她的"传奇"故事会觉得不可思议。一个才二十来岁的姑娘，形单影只在异乡，要学会独自一人面对大大小小棘手的事情，多不容易啊。

"你是怎么活过来的？"我调侃了一句。

"除了自己没有人可以帮我。"一路荆棘过后她从容淡定了不少。

## [3]

在高三的时候我生过一场大病。当时离高考只有一个多月了，所以情势还是挺严重的。

记得那次是高考前最后一次月考，考完第一堂考试后由于身体感觉并不是很好，我回到家，躺在沙发上辗转。当时我妈看到我的样子还以为是我偷懒不想去考试，后来昏厥地连说话的力气都没有的时候才知道了事情的严重性，立马把我送到医院。

后来医生确诊是肺部感染，需要住院半个月。

高考前四十多天还要花半个月住院治疗，确定不是在开玩笑？

所以我当时很是沮丧，心想着这可能就是命运的安排。药也没有好好吃，闷在病房不说话。

过了两天之后隔壁病房来了个重症病人。七八来岁的小女孩，不太清楚她是什么病因，但每天都看到医生为她做化验，每次做化验的时候都会听到她嚎嚎大哭。医生每走后她的哭声立马停止了，不久之后便传来动画片的声音和她干净的笑声。

那时我就想连个小女孩都能勇敢面对这病痛，我一个大男生畏畏缩缩，害不害臊。

从那天以后我便开始按时吃药吃饭，每天挂完点滴后就去医院的小公园里走走，完了有空看看爸妈带过来的课本。由于恢复较快，最后没到半个月就出院了。高考结果没那么好也没坏到哪去。

回头想想，那半个月的经历，真的只能靠自己去感受和消化，别人的安慰和开导只是给你指明通往光芒的一扇门，而最为关键的，还是要靠自己去找到打开那扇门的钥匙，勇敢地迈出第一步。

[ 4 ]

身边有位朋友曾经遇到过次很大的磨难，当时另外一个朋友召集了我们一帮人去给他帮忙，但是他却都给拒绝了。

"安慰和祝福我都收下，其余你们都带走。这段路，要靠我自己去走完。"

他走出阴霾的那天，我们都打心底为他高兴，也真正体会到他骨子里蕴藏的巨大能量。

张爱玲曾经说过，"笑，全世界便与你同笑，哭，你便独自哭。"

人生的大部分时刻，真正能解开谜团的，只有我们自己。

我们为有那些乐意伸出手帮助我们的人而高兴，同时我们也要把更多的能量寄予到我们自己手中，如此一来，回头看看那些风雨挫折，也能坚定自豪地说一句，那是关于我的成长。

带着自己的梦想，独自上路，从此，只顾风和雨。

# 责任比爱好
# 更重要

我的表哥是个爱好很广泛、精力非常充沛的人，他喜欢唱歌也会弹吉他，曾经在大三、大四两年去酒吧里当驻唱歌手；他喜欢旅行，是个资深的驴友，经常在节假日去一些荒山野岭探险；他喜欢喝酒，白酒喝个一斤不成问题，与朋友聚会时常常不醉不归；他还喜欢追最热门的影视剧，只要电影大片一上院线，不管票价多贵他都会到电影院去看，尽管他也知道再过十天半个月，电影票甚至能打三折，那个时候看才划算，但是，他根本等不到那个时候。

如果按照传统的观点来看，表哥是个喜欢玩乐、喜欢享受生活的人，这样的人一般成不了大器。但是，事实上表哥却不是这样……

表哥大学里学的是广告专业，毕业后进入一家小广告公司做文案策划。

尽管表哥那么多爱好，但是，他却经常主动加班，一直把自己的文案策划做到客户十分满意为止。

表哥曾经遇到一个非常挑剔的客户，这个客户把表哥的文案批得一分钱不值。表哥一声不吭，背着笔记本电脑去这客户附近的一家肯德基里修改文案，三个小时后，表哥把这文案送给客户看，这次修改得比较合乎客户的心，客户心情好多了，但是依然挑剔地提了一条又一条的指示命令。是的，客户非常强势，他让表哥修改时就是命令的口气。表哥把客户的要求记下，返回肯德基继续修改，当天修改了三次，第二天他和公司讲明情况后，又背着电脑到肯德基"上班"了，期间又去找客户审阅文案两次，当表哥第六次把文案拿给客户看的时候，客户服了："好好，就按照现在的策划做吧，近期我们公司要做一个电视广告，广告片也交给你们公司拍摄，但是我有个条件，必须交给你负责，交给你，我放心，如今职场上像你这么认真负责的年轻人已经不多了……"

　　就这样，表哥以他的认真负责攻克下一个又一个难缠的挑剔的客户。

　　后来，表哥做到那个广告公司的策划总监。没多久，就被一家大型广告公司挖走做策划总监，如今更是跳槽到一家大型传媒集团做了副总裁。

　　表哥虽然爱好很多，但是，他从来把自己的爱好给工作让路，表哥说："从进入职场签订劳动合同那天开始，就应该对工作敬业，再好的大片也得给工作让路，如果需要周末加班，我肯定不会去看大片的；再好的旅游活动，我不会放下手中没有完成的工作而去休假旅游，如果不是周五晚上或者周六晚上，我绝对不会喝醉，因为周五晚上和周六喝醉是有时间醒酒的，不会耽搁工作不会影响工作状态。当然了，工作那么忙，我更不可能敷衍工作而去酒吧当兼职歌手……"

生活中，一些人因为个人的爱好而把工作干得一团糟，工作的不顺又让他没有心情和物质条件把爱好做好，于是工作和生活都处于比较混乱糟糕的状态，忙乎多年一事无成。

表哥的故事告诉我们：工作上，一定要让责任大于爱好，当爱好与责任发生冲突的时候，那只能是重责任而轻爱好，只有这样，才能把工作干好，也只有这样的尽心尽责，才能在职场上取得好的成绩。

# 你要记住，只有一件
# 事情需要解决

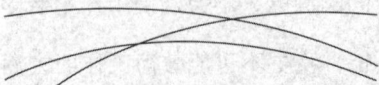

1863 年，一个名叫阿道夫的德国年轻化学家在勒沃库森成立了一家小小的化工厂，所有人都觉得由这个年轻化学家创办的化工厂一定会马上发展壮大起来。可没想到公司从成立的第一天起就一直都是乱糟糟的，连生存都成问题，根本谈不上什么发展。

除了阿道夫这个老板之外，工厂里没有经理和主任，甚至连一个组长也没有，30 多个员工全部由他一个人负责调配，但他只是化学家，而不是管理学家，所以他的工作部署经常错误百出。也正因如此，员工们的情绪很不稳，工作也心不在焉，他们都觉得这家工厂随时会倒闭，有的人甚至一边上班还一边往别处投简历。在这种情况下，工厂的效益有多糟糕也就可想而知了。

太多的事情压在了阿道夫肩上，有时候他刚与应聘者洽谈，车间里又有事需要他了，他刚到车间里，业务员又有事要征询他的意见了，所以虽然阿道夫每天都忙得不可开交，但每天都毫无进展甚至毫无头绪，他因此而烦得焦头烂额。有一天，阿道夫正在接待一个应聘者，可车间里要用到一些特别的工具，他只能提前结束面试，跑到杂货店里去采购。那家杂货店不大，顾客却特别多，只见老板有条不紊地做着生意，一点也不忙乱。等顾客们逐渐散去以后，阿道夫好奇地问那个老板："这么多人买东西，为什么你一点都没显得忙乱呢？"

"无论有多少顾客在我面前，我都只为最近的那一个顾客服务，他离开后，接着又会出现另一个离我最近的顾客，于是我接着又只为这一个顾客服务，也就是说，我的面前始终只有一个顾客而已，你说我还会忙乱吗？"老板笑着说。

"只为最近的那一个顾客服务？"阿道夫若有所思，他心想自己的事情这么多，为什么不学学这个老板呢？无论自己有多少事情要做，只需要做好最紧迫的那件事就行了！回到办公室里后，阿道夫把自己正面临着的所有事情都罗列了出来，他觉得当务之急就是先把工厂的中层管理者安排到位，只有中层管理者到位了，公司的人事安排以及各项运行才能逐渐规范起来。想到这里，阿道夫撇下了所有事情，全身心地投入到物色中层管理者的工作中。没几天时间，他就把各部门的经理和主任甚至是组长都安排到位了。这样一来，阿道夫马上就空闲下来了，他接着又从所有事情中找出最紧要的那一件去完成，先是规范操作程序，再是制定营销策略，接着又是去各地设立办事处……

就在这种"只做一件事"的智慧下，阿道夫的工厂一天天地走上了正轨，业绩也开始增长起来，工厂很快发展起来了。到如今，这家小工厂已经成为世界最为知名的 500 强企业之一——德国拜耳公司！作为创始人的阿道夫，就是后来在 1905 年获得诺贝尔化学奖的阿道夫·冯·贝耶尔。晚年时的阿道夫曾在日记中这样写道："你要记住，你永远只有一件事情需要解决，那件事就是'最要紧的事'，只要能做到这一点，再多的事情也不会干扰到你！"

# 忠诚才是
# 最大的竞争力

　　某公司要招聘一个销售部经理，经过层层选拔后，最终有三个人脱颖而出。

　　这三个人都出自名校，而且都有着十分丰富的从业经验，到底选择谁比较好呢？老总不禁为难了，他想了想之后很快有了办法，他让人准备了三个小房间，然后让那三个应聘者分别进入其中一间，他们进入之后才发现房间里空无一人，里面只有一张桌子和一张椅子，桌子上放着一个录音机，录音机的旁边则放着一张纸条，上面写着这样一行字：把你们以前所在公司的操作规程录下来，谁说得越机密越有价值，我们就录用谁！

　　一号应聘者和二号应聘者一看完纸条上的字，很快就按下录音键，然后对着录音机"哗哗哗"地录下了很多以前的公司机密，只有三号应聘者，他进入房间后看着眼前的一切，觉得这样做是不对的，自己虽然现在已经不再是以前那家公司的员工，理论上已经没有义务再替他们保守秘密，但是他觉得做人除了有职业操守之外，还应该有道德底线，从这个方面去说，无论怎么样都不能够出卖以前那家公司的机密，结果坐在录音机前一句话也没说。

半小时后，老总过来让考官把三个房间的门都打开，然后老总进去检查了一番后，走出来宣布说他录用了三号应聘者。"不可能，我透露了以前那家公司的绝对机密，为什么不录用我？难道他透露的东西比我透露的东西还有价值？"一号二号应聘者非常不服气地说，"不如告诉我们他透露了什么，也好让我们输得心服口服！"

"你们错了，他根本没有透露任何机密，我们录用他的原因就是他什么也没说，因为我们不仅要招聘一个有能力的人，更重要的是我们希望能招到一个将会对公司忠心耿耿的人！"总裁哈哈一笑，又补充着说，"至于你们透露的机密，我一点也不会占为己有，因为这些磁带都是只能转动不能录音的废弃磁带。"说着，他把磁带取出来交给那两名应聘者，接着就让他们离开公司了。

现实中的很多时候，坚持忠诚并不是一件容易的事情，经常会面临各种诱惑和考验，有时候忠诚会让人显得很愚蠢，然而正是由于坚守忠诚是困难的，它才倍显珍贵，忠诚的人往往最容易被他人欣赏和信任，能接触到更多的重要机会。学会忠诚，其实就是学会了做人做事的根本，这样的人离成功也就更近了一步，因为，忠诚是一个人最强大的竞争力！

# 6 最难的路，往往是正确的路

迷 茫 时 ， 选 难 走 的 路

因为难走，
你会调动所有的潜能，
去克服遇到的困难，
找寻自己舒服的点位，
你受了最多的苦，
也是最直接的受益人。

# 最难的路，
## 往往是正确的路

旧友从深圳回来，在我的咖啡馆聊天，说到我们自己与这个多变的时代，她忽然悠悠地感叹道："你人生的每一次重大选择都是正确的。"

我反问她："你觉得至今为止，自己做过的最正确的选择是什么？"

她答得干脆："买房子，去深圳。"

买房子的时候，她谈了一个深圳的男朋友，感情正烈，答应帮她付房子的首付。她相中武大旁边一个高档小区，惶恐地下了定金，后来，她男朋友看到武汉的房产广告，说："宝贝，你买的是武昌区最贵的房子。"

她当时没有固定工作，生活过得安逸而散乱。买了房子以后，她整个人都不同了，开始认真写稿，认真找工作。

不久，她去深圳投奔爱情。去之前也是各种纠结，觉得她的根基人脉都在武汉，深圳那么大的城市，有没有她的容身之处？我毫不客气地告诉她，其实在哪儿都是一张白纸。

虽然男朋友后来还是分了手，她在深圳的工作机会却比武汉多。几年后，她把武汉的房子卖了，在深圳付了首付，再后来的故事大家都知道了，深圳的房价一个跟头十万八千里，她如今经常跟我们憧憬自己的退休生活：把深圳的房子卖了，回老家当富婆。

无论买房子还是去深圳，对于当时的她而言，都是非常艰难的选择，意味着要走出安逸，承担风险。

纵观我自己的人生，艰难的选择不计其数，简单说有三次。第一次是离开国企去杂志社，第二次是离开杂志社做自由写作者，第三次是离开睡到自然醒的自由写作者，做半夜爬起来写稿的"公号狗"。

离开杂志社的时候，我已经是编辑部主任，与杂志的同行聊天，他说他们那里，做到中层就很少辞职了。

我去杂志社不久，我所在的国企开始裁员，而此时我父亲"你为什么要放弃安稳生活"的质问言犹在耳。在我离开纸媒，做了几年自由写作者之后，很多纸媒的中层、甚至连高层跳槽转行都屡见不鲜。

我是一个有神奇魔力的人吗？当然不是。

讲了这么多，其实你们已经看出来了，无论我那位朋友眼里正确的两次选择，还是我在她眼里，每一次都正确的选择，里面有一个共性，就是在我们迷茫不知选哪一条路的时候，总是幸运地选择了难走的那条路。

每个人都向往安逸，安逸对年轻人而言却可能是一个陷阱。某一天，你会发现，你想过的安逸生活其实是一条下坡路，你要求那么低，却还是没有办法维持它的水准，因为时代变化太快，在拥挤的潮流中，你不向前，就只有退后。

向前、向上的路，通常是难走的，你会无数次想到退缩，无数次受到打击，你像去鹰群里抢食的小鸡，每一天都惶恐不安，害怕被吃掉，日子一天天过去，终于有一天，你发现自己变成鹰了。

做公号的这一年，我经常有不干了的念头。有时候刚按了发送键，脑袋里就跳出一个好标题，恨不得用脑袋撞电脑。公号文章，标题意味着成功一半。这种挫败感往往会持续到想到下一个好标题为止，起初是三五天，如今我只给自己一天时间。我做饭时在想标题，做梦时在想标题，我婆婆跟我说话时我还在想标题，这次见面，她觉得我最大的变化，一是瘦了（太好了），二是不爱说话了，我当然没办法向她解释"随时想标题"是什么东西。

这一年，我频繁地骂自己笨。不过，我的另外一个体会是，你经常骂自己笨，别人基本上就没有什么机会骂你笨了。

经常有人问我，要离婚，要分手，要换工作，怎么选？这是很难回答的问题，因为基本上这样问的人，其实都希望选一条容易走的路，而在我看来，能够真正解决他们的问题，开始新生活的，恰恰是那条难走的路。

因为难走，你会调动所有的潜能，去克服遇到的困难，找寻自己舒服的点位，你受了最多的苦，也是最直接的受益人。

难走的路，通常是上坡路，你不是俯下身子去捡那种生活，而是踮起脚尖够那种生活。踮起脚尖当然累，还可能遇到拔甲之痛，但也只有这样，你才能收获理想的状态，就是你曾经的偶像，如今是你的同事；你曾经买不起的衣服，现在买了一件又一件；你曾经觉得做不好的事情，现在做起来就像左手摸右手。

你的潜能远远比你对自己的感觉靠谱。

我也为自己下过很多自以为正确的定义。比如我没办法在咖啡馆写稿，太吵；我没办法多线思维，一次只能想一件事；我没办法写快稿，一篇文章要在肚子里养成白胖子才舍得生；我不擅于说话，不擅于经营……现在，我的感受是，只有一件事我肯定做不到，那就是回到 18 岁，然而我根本不想回到 18 岁。

"我不行"其实只是你退回去的借口。你虽然不可能每一样都行，但我们所遇到的大多数选择与难题，都是可以靠勤奋解决的，远远没有到拼天分的地步。

当你觉得自己做不好一件事，请问问自己，你有没有做梦都在想这件事。如果你做梦都在想怎样做好它，结果还是在及格线以下，你再认输。

"迷茫时，选难走的路"，是我送你的新年祝福。

# 走上了弯路，
# 也并非一无是处

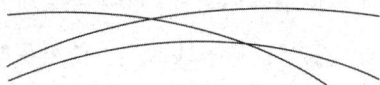

我有一个漂亮朋友林小然，她是个话剧演员，每当我这样介绍，她都会格外强调，要在前面加上三个字——三流的。可她不知道，我总是以她为傲。每当我失意或沮丧时，她都会跑过来，以自己独特的方式安慰我。有时，只需她一句话或一个拥抱，我就能恍然大悟。

我常常想，幸好世界拥有如此坚强而温暖的人，不然即使日日暖阳，我也感受不到力量。

可是，人人都有脆弱的时候。我一直觉得世界上最孤独的人，莫过于时常可以给别人信心，却无法安慰自己。而这些生而骄傲的人，却总能以独特的方式自救，让你误以为他们格外幸运。

我在雁荡山出差时，手机信号不好，直到走出那座山，我才接到林小然的电话。

"我给你打了几十个电话，想告诉你我发生了两件比较不幸的事，你想先听哪件？"

"先说不幸的，再说最不幸的，还能让我缓缓。"

"我男朋友爱上了其他姑娘，我被分手了。"

"真是禽兽不如，不值得咱哭，难道还有比这更不幸的吗？"

"我演出排练时，有一个动作是在一棵假树上跳舞，我分神了，假树也倒了，我直接摔了下来，现在床上躺着……导演说，让我好好休息一段时间，他给我放长假。"

我风尘仆仆地赶到医院，看到病床上脸色苍白的林小然，却不能说出一句话来安慰她。她笑着说自己完全不需要安慰，此时，十万火急的事情是让我推着她去排练场地。

我只好推着任性的林小然走到排练场，所有人见了她都很吃惊，也很惊喜。

导演正在重新选角色替代她，望着一个个漂亮的女孩犹如燕子轻盈地一跃而过，那一瞬间，我的漂亮朋友林小然的眼神闪过一丝失落。但她很快掩饰了自己的情绪，她默默地坐在排练室的角落里，安静地看着舞台上的他们投入剧情、倾情演出。那眼神中满是羡慕，还有坚强。往下几个星期，林小然仔细地分析话剧中的每一个角色、每一句台词，除此，她还开始写自己对某个角色的理解，写好之后，还会拿给导演看。

我以为是她还想夺回那个本属于自己的角色，曾劝她："不如好好休息吧，请允许自己偶尔虚度年华，也是一种活法。"林小然说："我以前总想着在舞台上光鲜亮丽地展示自己，却从未沉淀下来感受内心戏。这段时间，是上天安排给我的思考机会吧！"

可是，直到最后，生活并没有给她带来任何惊喜。虽然大家都赞美林小然的坚强，却把更多的掌声献给了替代她角色的女孩。导演也没有如我期待那般，邀请林小然出演下场话剧，哪怕是再给她一次机会，一起合作新的剧本……于是，热闹散去，灯光暗淡，舞台上一片寂静。原来，快乐是别人的，她什么都没有。

你有经历过那种感觉吧？明明是你和一群人一起走向远方，不是自己不努力，并非他人太聪慧，或者只是一点小小的意外，你就莫名掉了队，成为了一个可悲的局外人。

二十九的林小然始终没想到她是以这种方式告别了话剧舞台，她带着那条伤腿走在大街上，调侃道，她走路看上去瘸吗？明年才三十而立吧？我现在都立不起来了！终于，林小然泪流满面。

我本以为这次会要了她半条命，她至少会一个月缓不过来。许久，她擦干眼泪对我说，她要考研。我并没有在意，以为她只是咽不下这口气，过段时间就忘了。

之后，林小然报了一个考研班，英语不好，她学起了日语，浩浩荡荡地开始了自己的"考研"长征。好久以来，她房间的灯昼夜通明，她分秒必争，学得特忘我。看着如此沉浸的林小然，我从不敢想象，一年后的她并没有考上。这次，她真的是陷入了两难的困境，她看了看银行存款，取到无法取出那固执的九十八块钱，然后默默放弃了再来一年的豪言壮语。

然而，她却没有我想象中失落。她说，她在复习的过程中才懂得，学习本身的意义，远大于结果。随着时光的流逝，或许所有存在的东西都会消失，若最初，我们是奔着一个方向而往，最终，却很有可能会寻觅到另外一种存在。也并非是忘记初心，而是时光早已赋予它不同的使命。

前行的过程，我们并不知道前方会有怎样的惊喜。生活会给我们答案，却不会立刻告诉我们一切。

就在林小然打算离开这个城市，换一种生活方式的时候，突然来了一个录取通知书，原来是一个名导的剧组需要一个日语的导演助理，他们综合考核后，觉得此职位非林小然莫属，望她速速加入，刻不容缓。一瞬间，林小然兴奋的尖叫穿越了时空，我好像回到了一年前，她还是那个沮丧的姑娘，哭丧着脸，抱着两个悲伤的段子，等待我来安慰。

此时，没有拥抱，没有庆祝，只有被认可的快乐。兜兜转转之后，又回到了比起点更高的起点。若中间有落差，也不过是最常见的抛物线，以为到达的终点，或许不过是另一个起点。

直到后来，我们才懂，因多走了弯路，才看到了更多风景；因曾爱错了人，才更心疼爱自己的人。上天的馈赠，不是要收回幸福，而只是想考验你拥有的所有的忠诚度。我们唯一能做的，不过是比往日更精彩。除此，还要有点耐心，来等待。

# 有缺陷也不能
# 妨碍自己活得漂亮

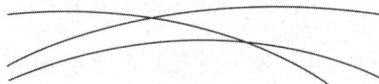

一张照片在网上走红了，一个身穿黑色短裙的高挑女孩的背影，右腿截肢，挂着拐，左脚上穿着一只高跟鞋。就是这样一张简单的照片，之所以能在短时间内吸引那么多人眼球，甚至上了多家媒体的头条。就是她脸上那份自信的笑容和左脚上的高跟鞋，让人们被她那份自信，乐观，热爱生活的态度所打动。

她是位羌族姑娘，有个动听的名字阿依，在四川残疾人艺术团担任歌手。她兴趣非常广泛，平时喜欢打羽毛球，练瑜伽，以及购物。阿依三岁时，一场意外令她失去一条腿。从那时，她心里有些自卑，说话声音都很小。

后来长大上学，一次音乐课上，阿依大声的唱了羌族民歌，受到老师夸奖，这给了她前所未有的自信。十九岁那年，阿依经过考试，被艺术团录取如愿成为一名歌手。她的乐观自信感染着身边每一个人，大家都叫她"东方维纳斯"。

阿依一直羡慕舞台上可以穿长裙，同时穿高跟鞋，认为那才是完美的形象。但她害怕自己穿高跟鞋的样子会很难看，直到三年前在朋友的鼓动下第一次到商场买了高跟鞋。尽管第一次穿高跟鞋从楼梯上摔了下来，差点骨折，但她没有放弃，而是坚持下来。

她从此就每天穿着高跟鞋，拄着一根拐杖笔挺的走在街上。网上走红的照片是在北京参加完演出，乘飞机返回成都时，被机场工作人员拍到的，并配上：女孩活得真漂亮，给一百个赞的评论，发到微博上。只有短短三天时间，这张照片就成为各大媒体头条，人们都被女孩自信的背影所感染，纷纷为她点赞。

生活中，人人都会遭遇各种挫折磨难，承受不同的压力打击。面对这些，不少身体健全的人倒不如阿依阳光乐观。有的不知所措只会自艾自怜，有的破罐子破摔沉沦逃避，有的则选择结束生命来寻求解脱，更多的人则被各种心理疾病所困扰。

像阿依这样身体有些缺憾的人们，反而更有勇气直面人生的种种磨难。山东汉子王晓兵这两天亦感动无数网友，他因意外烧伤，造成双腿高位截肢，因家境困难只念了初中就辍学在家。在政府和亲友帮助下，学会修鞋、修锁、配钥匙等手艺。

三年前，他在村干部支持下，办起养殖场养羊，走上致富创业路，被称为"无腿硬汉"。阿依、王晓兵虽然身有残疾，却并没有向命运低头，反而自食其力，积极乐观过好每一天，用满满的正能量激励感染着所有人。

不仅仅他们，相似命运的人太多了，那些参加过残奥会的运动员，从星光大道走出来的杨光，还有更多在各行各业默默用自己双手创造生活平凡的残障人士，他们虽然身体有所缺憾，但心灵健康坚强，充满韧性。

雨果曾说过："痛苦有孕育灵魂和精神的力量，灾难是傲骨的乳娘，祸患则是人杰的乳汁。"鲁迅先生亦有言：真正的勇士敢于面对惨淡的人生。我们的人生道路曲折坎坷，充满无常。谁也不知道什么时候会患疾病、遭遇是意外，从而失去，生活则多了些缺憾，但只要没有失去生命，还是得鼓起勇气抗争，只要战胜它们，就能拥有属于自己的蓝天，阳光也会照进心里。

欣赏阿依一段话："每个人都有缺陷，或迷惘，只是我的缺陷在身体上，无法隐藏在心里。或许是我的照片，打开了大家隐藏在心底的那些困惑和迷惘，让大家觉得必须去面对吧……对我而言，绝对不能让身体的缺陷影响自己的心理健康，只要内心是阳光的，那么外在肯定不会暗淡。"话中充满了自信。

其实，我们每个人活在就像一棵树，沐浴阳光，享受雨露，但也可能会被阴云笼罩，或者自身受到伤害。纵然受伤亦要带来绿荫，活的漂亮，就让我们像阿依、王晓兵们那样做个敢于面对惨淡人生的勇士吧！身残志坚的人我们要尊重他们，向他们学习：无臂学霸自强不息自主创业获赞正能量。

# 接纳自己，哪怕
# 不够好的自己

那一年，我辞掉了在家乡的稳妥工作，拎着行李前往北京，考学，进修，寻梦，过了好几年着急忙慌地日子。

我像每一个出门在外的年轻人那样，感觉自己一刹那步入了璀璨的世界，放眼望去，到处都是看似金光闪闪的机会，每天都有一跃而起的年轻人。

那时，我对未来有太多不切实际的憧憬。我渴望早日赚到大钱让父母过上安逸的日子，渴望得到一份完美的幸福爱情，渴望拥有能互相扶持携手并进的知己好友，渴望能有一部属于自己的电影，渴望到世界各地旅行拍美照，渴望与众不同……

于是我马不停蹄地去寻找机会，精神紧绷地面对工作，为得到肯定拼命对别人好，为抵达目标还做过不少傻事。年轻的时候，人总是笃定自己是最好的，也笃定只要尽力了，就一定能做到最好。可偏偏就是怀着这样的笃定，每一件事的结局，都和想象的不同。

有一阵子，我连揽了三个活儿。不问名，不问报酬，白天拎着笔记本挤地铁，去开一个又一个的会，每天夜里加班，一稿接一稿地改。可人生不得意不公平之事，十有八九。三个项目，最后没有一个谈成。

第一个项目，因为资金问题最后搁浅了；第二个项目，因为制片的朋友塞来熟人把我顶掉了；第三个，却是因为一件现在回想起来觉得特别傻的小事儿，自己放弃了。

那时，我在一个公司写一个小项目。有个朋友让我帮她把她手底下一个演员推荐给我认识的一个剧组。尽管那并不是我分内之事，而我又人微言轻，自己还在跟着学习阶段，却还是怯怯地把照片递到了导演组。然而并没有适合那个演员的角色，所以事情最后没有成。

我自然是回头去跟拜托我的那个女孩作了解释，她当时淡淡地说，没事。而等我开完会刚走出公司，就听见她转头对别人说："玥玥既不成熟也不成事，换掉吧。"她是不怕被我听见的。而当时公司里的其他人，也没有表现出任何反对，毕竟我只是个连脚跟都尚未站稳的小虾米。

那天我回到家时已是深夜，打开门看见屋子里一地的水——洗手间的水管爆了。我一边打扫狼藉，一边止不住地想，为什么自己已经很尽力了，却还是一事无成、一无所有，甚至连一句别人的肯定都得不到？

我的一个好朋友听说了这件事，十分气愤，她恨铁不成钢地看着我说："你为什么就那样走掉呢？你应该跟她说理，你本来就没有义务帮她！凭什么因为这个刁难你？"我说："我难过，是因为我的确觉得自己既不成熟也不成事……"

那是我第一次认识到自己渴望得太多，也认识到，其实自己当时的能力根本就胜任不了自己的渴望。

那个夜晚，我打扫完房间，站在第 21 层出租屋的阳台上向外看。路上依然有夜归的人在走，而不远的写字楼里，还有数间办公室亮着灯。我想，在那些灯下，一定也有人和我一样。有人在开心地笑，也有人在委屈地哭，有人因为幸运而惊喜，也有人因为倒霉而绝望。

我突然想起自己辞掉稳定的工作，来到遥远的城市，是因为心有所愿。不甘心乏善可陈的生活，就要付出代价；有一颗想要闯进陌生世界的心，就没有资格抱怨路的黑。那一刻我发现，我的所有担忧恐惧归根结底，是因为我认识到自己还不够好。

我们害怕，只是因为我们和想象中的自己相去甚远。我们害怕，是因为我们追求的，有时候并不是真正的"梦想"，而是那些"别人都拥有的"。

年轻的时候，谁都经历过失败，谁都有无法发泄的心事，偶尔有负面的情绪，其实并没有什么错；看见别人的好就想要得到，看见别人能做到的，就以为自己也可以。这种想要变得更好的心，没有错。错的，是我们在追逐梦想的过程中，会偶尔忘记自己究竟喜欢什么，自己又能做到什么；错的，是我们没能先去承认自己并不完美，就急切地想要去追求并不存在的完美。

正因为如此，我们所谓的努力才看起来就像无头苍蝇在玻璃罐中乱转，殚精竭虑却可悲可笑。

别人站在高处，必定有他的原因。无论外貌天赋，还是运气机遇、出身努力，甚至那些看起来不那么正确的代价，他一定有比你更好更强的地方。然而，并不是看了伟人传记，你就能成为伟人，并不是看见别人成功的渠道，你就同样走得好。

当你开始承认并接受不够好的自己，你才不会在做错或失去的时候佯装坚强地说"我不在乎"，而是懂得收拾好失望沮丧害怕的情绪，继续向前走。走到某一天，你将明白自信与笃定的应该是什么。

到了那一天，你发现就算结局很糟糕，你依然不会倒下。而你经历过的一切，哪怕看起来支离破碎微不足道，也是属于你的独特财富。

# 这个世界，
# 是有心人的

　　唐代，四川有个杜处士，喜爱书画，尤其珍爱当时画家戴嵩画的牛。他用锦缝制了画套，用玉做了画轴，经常把此画带在身边。他怕画受潮，就把它摊开了晒太阳。正当他观画得意时，有个牧童看见了这张画，拍手大笑，说："这张画画的是斗牛啊！牛的力气全用在角上，尾巴紧紧地夹在两腿中间。你收藏的这幅画上的两牛却摇摆着尾巴相斗，显然是画错了！"后来，杜处士把牧童的话转给了戴嵩。戴嵩经过对斗牛的观察，明白自己真的画错了。于是，他重画了一幅《斗牛图》，流传千古。

　　北宋，欧阳修得到一幅古画，画上是一丛牡丹，花下蹲坐一只猫。一位好友来访，一看到这幅画就说："画的是中午的牡丹与猫。"欧阳修好生纳闷，画中根本没有出现太阳，怎能断定是在中午呢？只见朋友指着牡丹说："假设他画的时间是在早上，花瓣上应该会有露水，花朵也会有光泽，但这牡丹色泽已有些枯干，是因为它受到了中午阳光的照射吧！"接着，他又指着猫说："猫的瞳孔如果遇到强光，就会变得狭长。你瞧！这只猫的瞳孔眯成一条线，不就是受到中午阳光的照射吗？"欧阳修点头称是。

朱姝杰是云南丽江的一个爱好科研的中学生。丽江有一种特产叫雪桃，它味道好、营养价值高，销路极好。当地不少人家想靠种此桃致富，但桃苗很难培育。从小就对植物怀有浓厚兴趣的朱姝杰很想解决这个难题。桃核的一层硬壳阻碍了桃苗的发芽，她就想把桃壳砸开，直接用桃仁在春天育苗，桃苗就容易育成。可是，她尝试用铁锤敲桃核，桃仁几乎都被砸烂了，为此她十分苦恼。父亲带她去散步，父女俩走在乡间的小路上，她走着走着，脚突然踢到了一个桃核。她定睛一看，惊喜地发现，桃核是裂开的。她向一位村民求教，问这只桃核为什么会自然裂开？村民告诉她："几天前，这里阳光很强，桃核被暴晒，接着下了一场大雨，桃核在雨后就裂开了。"朱姝杰欣喜若狂，找到在春季大量培育雪桃苗的方法了。

朱姝杰回家后，收集了大量雪桃核，把它们放在烈日下晒上几日，然后把它们放到盆里，用冷水泡上，然后把它们捞起来，轻轻一敲，就纷纷裂开了。春天里，她把桃仁均匀地播到地里，不久，就从地里冒出了可爱的嫩苗。朱姝杰的有心，为丽江人解决了雪桃育苗的难题，她因此得了科学奖。

斐塞司博士有在午饭后坐在门前晒太阳的习惯。有一天，一只母猫也卧在阳光下打盹儿。当树影挡住照射猫身体的阳光时，猫醒了。它站起来，伸了个懒腰，踱到有阳光的地方重卧下打盹。每隔一段时间，猫都会随着阳光的转移而不停地变换睡觉的场地。一向有心的斐塞司，开始思考：猫喜欢待在阳光下打盹儿，这说明光和热对它有益。那对人是不是同样有益？之后不久，日光治疗便在世界上诞生了。日光治疗的创始人斐塞司也因此声名鹊起，获得了诺贝尔医学奖。

生活的小处藏有大观。生活里的细枝末节，看似平淡无奇，但你若能敏锐观察、用心体会、反复揣摩，即使是小处也能发现不同凡响的地方，值得我们去学习，去探讨，去发现，去创造。发明创造说难，其实也不难，创新始自小处，难道不是这样的吗？在人类创造发明史上，哪个发现、发明能离开从生活小处观察呢？达尔文通过对恶魔岛的长期观察，创立了具有划时代意义的生物进化论；巴甫洛夫从观察狗的唾液分泌现象中创立了高级神经生理学；牛顿从观察苹果落地的现象中发现了万有引力；瓦特从观察水蒸气冲动壳盖发明了蒸汽机；亨利·阿切尔从观察一个人用针刺邮票纸的个别现象发明了邮票打孔机。

记得有位母亲对儿子说："这个世界不是有钱人的，也不是有权人的，而是有心人的，你得做个有心人。"诚哉斯言！世界之所以是有心人的，是因为有心人能从生活小处发现大观，发现科学奥秘，发现真理。人生在世当注重小处，能识小处者成。

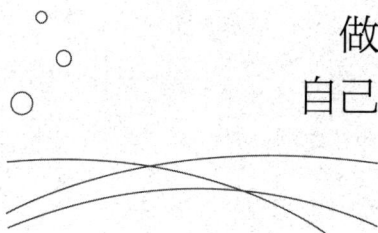

几年前，有两家私藏服装店我经常光顾，在同一条路上，相隔不远，步行不过五分钟。

一家店的老板是个学服装设计的女孩，对人爱答不理，很少在店里，留个同样话少的小姑娘看店，一脉相承高贵冷艳，只会冷冰冰报个价格。店堂布置为极简冷淡派，摒弃一切饱和色块，一进门就让人清心寡欲节制得不行，配上满屋子山本耀司风格的衣服，用料讲究、创意十足、剪裁巧妙，而且十分实用。

平心而论，这里即便贵点儿，也好过商场里很多国内外差异巨大、天价而莫名的品牌。有一次，我中奖般赶上老板在，面对买过几件衣服的老客，她也不太好意思完全扮冰雪皇后，我很小心地问："要不要适当做些活动或者宣传吸引更多的客人？"

她扬着鲜艳欲滴的红指甲——这好像是她身上唯一的饱和色，斩钉截铁地回答："不，服装本来就是个性化的东西，吸引那么多不相关的人干吗？"

我也明白，每个文艺女青年心目中都有个服装店梦，或者咖啡馆梦，都是极度自我的梦想。但是，在我有限的经历中，那些生意好、个性十足的品牌或者店面，无一不是特色化商业运营的成功案例，离开可行性完全拼个性，往往生存不下去，又何谈"自我"。

只是，这些道理，很多致力于"小而美"产业的女文青起初都听不进去。在她们心里，个性压倒一切，无性格毋宁死。

我忧心忡忡地走出这家店去街角的另一家，两家店是截然不同的两种风格。

街角的这家店，一派活色生香的暖艳，冬天暖气开到最大，大到让人误以为夏日近在眼前，便悻悻地采购春装新款；夏天冷气开到十足，足以卖出刚上市的秋装，还能预售杂志上的冬装新款。老板穿着店里的衣服，熟稔地招呼着每位顾客，不过挑衣服得预约，理由是同一时间接待太多的顾客影响服务质量。

这家店的衣服是非常大众的款式，甚至个别服装还很俗艳，看上去根本卖不掉的样子。所以，我对老板最大的好奇心是：那些看上去卖不掉的衣服最终都到哪儿去了？

某个顾客稀少的下午，我挨到店里最终只剩下我一个客人，指着衣架上自己不喜欢的衣服问她："这些衣服谁会买呢？一点儿都不好看。"

老板微笑："当然有人买啦，你不喜欢不代表别人不喜欢，卖衣服的大忌是自以为是地卖自己喜欢的款式，不考虑顾客的需求，我又不是川久保玲或者王大仁，随便披块布都有人觉得时尚，没有那个资本不能随便讲自我。"

我瞥了一眼她的桌子，上面放了本帕科·昂德希尔的《顾客为什么购买》。我读这本零售业的圣经是因为在媒体负责商业广告运营，而一家不大的服装店店主却愿意花这么多心思研究购买心理学？

我忍不住问："难道衣服不是非常自我的选择吗？"

她一边整理衣架，一边慢悠悠地答："衣服和人一样，不仅要有敢做自己的胆量，更要有能做自己的资本。不是你觉得自己有个性就有个性，要世界承认你有性格才真是有性格，不然，自我给谁看呢？没有坚持自我的资本，就老老实实做家普通店吧。"

坦率地说，自我与自由都是奢侈品，需要强大的资本后盾与心理建设，如果没有，那么安安稳稳做个普通人，踏踏实实做好力所能及的事情，也是自知之明。不仅要有敢做自己的胆量，更要有能做自己的资本，的确是生活平顺的哲学。

或许，就像笛安说的，从一开始以为这个世界上只有自己，到明白自己的天赋其实只够做个不错的普通人，然后人就长大了。

# 即使命运狰狞，
# 我们也要坦然无畏

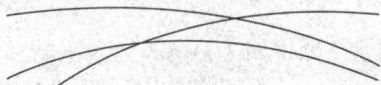

姑姑和人合伙开了一间美容院，在她 41 岁这年。

这是她第 N 次创业了。自从 30 岁那年她和姑父双双下岗以后，姑姑卖过服装、开过饭馆、推销过化妆品，甚至还远走贵州开过洗脚城，结果无一例外地以亏本告终。人们都说无商不奸，像姑姑这么善良老实的人，做生意怎么赚得到钱？连她本人也不忘自嘲说："我这个人，天生就不是做生意的料。"

如此折腾了几年之后，姑姑原本攥在手里的一点点存款全部打了水漂，还欠了一屁股债。生意最惨淡的一次，是和人一起在县城开服装店，店子开在新的步行街里，一串儿四个门面连着，看上去气派得很。当时姑姑是借了高利贷准备去打翻身仗的，谁知人算不如天算，步行街人气始终不旺，生意也跟着一落千丈。

那年暑假我去看她，偌大的服装店只有她一个人守着，为了节省开支，连卖服装的小妹也不请了。中午吃饭时，小表妹也在，我突然懂了事，推说不饿三个人只叫了两份盒饭，姑姑还是保持着热情的天性，一个劲地往我饭盒里夹肉丝，自己光吃青椒了。

服装店没撑多久还是关门了。姑姑平静地接受了这个现实，为了还债，更为了一双儿女，她去了好姐妹开的超市里打工，说是售货员，其实收银推销什么都做。超市货物运来时，姑姑帮着搬上搬下地卸货，有时做饭的回家去了，她也帮着料理一大群人的伙食。其实她的本职工作只是售货员，可姑姑说："都是很好的姐妹，能搭把手就搭把手，计较那么多干吗。"姐妹为人和气，见了她还是和以往一样亲热，但工资并没给她多开，过年的时候发给她和员工的红包也是一视同仁，都是一百块。

　　姑姑的腰椎病，就是那时候落下的，毕竟，有些货物着实不轻，30岁以前，她过的是养尊处优的生活，哪里干过这样的重活！每次卸货之后，腰都会酸痛好几天，有时胳膊都抬不起来了。

　　为了小表弟上学方便，姑姑一直住在镇上。她在镇上是没房子的，还是从前的姐妹出于好心，借给她一间房子暂住。我去过她住的地方，统共一间房子，搁着两张床，吃饭睡觉都在这间房子里，平常她和姑父带着小表弟住，表妹回来了也住这，看着未免有几分心酸。屋角摆着个简易衣橱，拉开一看，好家伙，满满一衣橱的衣服裙子，都熨得服服帖帖挂得整整齐齐的。再看看姑姑，小风衣披着，紧身裤穿着，摩登的样子一丝丝不改，真像是陋室中的一颗明珠。我这才发现，原来自己的心酸是太过矫情，到哪个山唱哪支歌，人家瞧着姑姑是落魄了，她其实过得好着呢。

再后来，姑姑连生了两场大病，先后摘除了子宫和阑尾。人看上去憔悴了不少，脸色远远没有年轻时那样光彩照人了，只是穿着打扮仍然丝毫不松懈，我问起她的病，她就撩起衣襟给我看她小腹上的两道疤，两道粉红色的疤痕凸现在她雪白的肚皮上，看上去略有些面目狰狞，我看了眼就掉转过了头，她却开玩笑说："这要再生个什么病，医生都没地方可以下刀了。"

谁都以为姑姑就会在超市里一直干下去，直到干不动为止。没想到事隔多年以后，她拿出多年来和姑父打工积攒的辛苦钱，又一次投身商海。当然，这次她保守多了，只是美容院的小股东，而且兼职店面看管人，每月能拿固定工资，不至于一亏到底。开美容院这个行当还真适合姑姑，她打小就爱美，不管处于什么样的境地都把自己收拾得光鲜体面，小镇上的人一度拿她当时尚风标，说起她来都爱叹息自古红颜多薄命。

姑姑薄命吗？兴许是的。从 30 岁以后，命运从来都不曾厚待过她。病痛穷困就像那两道面目狰狞的疤痕，印在了她的身上，可是姑姑既不怨天尤人，也不妄自菲薄，而是带着那两道疤痕坦然地、面带微笑地活下去。

我们无法选择命运，我们唯一可以选择的是，当命运露出狰狞的一面时，坦然无畏地活下去。

# 不求声名远扬，
## 只求上善若水

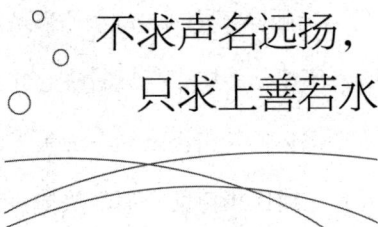

"物竞天择、适者生存"，曾是我人生的座右铭，我曾经认为强大的人生就是超越所有对手，为此，作为学生的我夜以继日地学习，时刻准备接受成绩的挑战。

然而，现实是残酷的，上高中之后，我由原来的名列前茅渐渐落后，最后感觉要"泯然众人矣"。名次的变化也让我的心情起伏不定，情绪的变化甚至影响到我的身体，有一次考试，同学翻阅试卷的声音让我害怕到出了一身冷汗，接下来内心发慌，心跳得不能自已，后来失眠成为常事、心情一点一点低落……我不得不承认，在物竞天择面前，我被遗弃了。

妈妈带我咨询了许多医生，最后把我从西北带到了西南重庆，找到了冯大荣老师，但我内心依然抗拒："我落后已经是事实了，难道老师能帮我打败对手？"

"你不需要打败对手，你只需要做好自己的事情！"第一次咨询时冯老师平静地对我说。"你难道想让我掩耳盗铃、闭目塞聪，最后成为井底之蛙吗？"我大声反驳他。

老师停顿片刻，继续平静地说："试想一下，如果一棵树本身并不粗壮，它仅仅凭着决心并踮起树根同其他树木说：'我一定要比你们长得高从而享受更多的阳光和雨露！'结果会是怎样呢？它或因拔苗助长而很快枯萎，或因为本身缺乏厚重很快被风霜雨雪折断。

"人也是一样，通过竞争可能得到自己想要的位置，但如果没有承载这个位置的心理，失去这个位置只是时间而已。在象牙塔里，如果某位同学没有科学研究的兴趣，虽然他考试名列前茅，他终究是一部应试的机器；在仕途上，一个人如果没有宽广的胸怀，往往就会采取手段，结果很容易遭到报复……'仁不能守之；虽得之，必失之。'所以争不能获得真正的成功。"老师恳切地说。

老师的话醍醐灌顶，与其他老师咨询方法不同的是，冯老师每次咨询后都会给我布置不同的修心练习，在老师的指导下，我开始了禅坐与净化，在觉醒意识的映照下，内心争的冲动像火山口的岩浆一样喷发出来，争的冲动开始一点一点地被化解。

我的内心逐渐变得平静，但内心始终有一个疑问，弱肉强食的规律面前，难道我们就应该束手就擒吗？针对我的疑惑，老师再次教我"致知格物"，他说："如果一棵植物能恬淡地吸收阳光和水，自然地进行光合作用，它一定枝繁叶茂，它就是'栽者培之'，自然能得到上天的垂爱！同样，如果一个人把全部的精力集中在学习或者工作上，他内心虽然没有想到竞争，他是不争而争，也是最好的竞争，自然他最容易成功。"

在老师的引领下，我逐渐参悟了成长的道理，此时，我理解的强大的人生就是恬淡无为。看到我的进步，老师在为我高兴的同时，又引导我进行新的探索。

"水才是最高的境界，'水善利万物而不争，处众人之所恶，故几于道。'如果能像水一样，不仅不争还能善利万物，在大家都厌恶的地方还能出淤泥而不染，这才是近乎道。""一个人无论身处何地，都能洁身自好、无怨无悔并且能不断地播撒爱，这才是最强大的人生。"我再次猛醒，原来真诚与善良才是最高的境界！在老师的指导下，我开始宣誓"我爱我自己"，因为一个爱自己的人才能爱别人。同时，老师教我观心，留意内心一思一念的善恶，并把善用在生活中。

三个月后，怀揣着敬畏与感激之情，离开这个不足百平方米的心理中心，就在这个小小的中心，冯老师循循善诱让无数人做回了最好的自己。那年的九月我被华东一所重点大学录取。

如今的我不求声名远扬，只求上善若水，用我的所学来服务这个社会。

# 人生有那么多牵绊，
# 哪能说走就走

很多人都以为，生活中最潇洒快意的事就是来一场说走就走的旅行。说走就走，意味着人像一只自由的蝴蝶，了无牵挂，无拘无束，自由而率性地奔向自己钟爱的芬芳之所。

可是，有多少人的"说走就走的旅行"能够成行呢？"世界那么大，我想去看看。"很多时候，我们仅仅停留在"想"的阶段，真正来一场远行，恐怕要经过一番计划，需要深思熟虑。我们在走之前，都会好好打算一下，工作要妥善安排，孩子要托人照顾，父母也要嘱咐一番，如此多的牵绊，总会让我们的脚步迟疑，无法兑现一场说走就走的旅行。

有时候，想想自己背后这么多的负累，忍不住要长叹一声："长恨此身非我有！"我们有太多的身不由己，有太多的行不由心。究其原因，是因为我们是三千俗尘中的一分子，必定要受到各种困扰。生活无奈，不能说走就走；人生受限，不能随心所欲。

生活中也有极少数人，牵挂很少，他们说走就走的话，相对容易些。不过，他牵挂的少，证明牵挂他的也少。能够轻易放下，说明他的世界缺乏剪不断的温情。有的人羡慕流浪民族吉普赛人，他们是漂泊的蒲公英，飘到哪里算哪里，一生居无定所。不过他们即使说走就走，也要携家带口，带着属于自己的一切走。我们一般人，在一个地方长期居住，慢慢地把根扎在此地，把血脉融入此地，形成一个以你为中心的磁场，从此便牢牢地驻扎下来，无法说走就走。

人在一个地方呆得越久，牵绊越多，说走就走就成了一个梦想。人生岂能说走就走？即使是暂时离开，也有那么多放不下的人和事。"剪不断，理还乱"，生活就是这样。

不过仔细想想，谁的人生不是如此？正因为有那么多的牵绊，才能证明我们存在的价值。我们的生活就像一个链条，如果你从中脱逃，很多事就会溃散崩离，很多人也会无所依靠。平日生活虽然庸常，但是按部就班，就像正常运转的机器一样，平稳有序地进行着。可如果我们说走就走，丢给身后的将是一片狼藉。这样说来，我们是生活的棋盘上一个重要的棋子，有着不可替代的作用。生活本来就是辩证的，即使我们有负担，也是甜蜜的负担；即使我们有枷锁，也是温柔的枷锁——人生不能说走就走，是因为我们让自己长成了一棵根深叶茂的树，与周围的世界有着千丝万缕的联系。

一个人与这个世界有了千丝万缕的联系，便不再是孤单无助的。我们与世界的每一点牵系，都是我们努力生活的动力。我们认真工作，教育儿女，孝敬父母，关心爱人，帮助朋友，与同事合作，与周围人共处……生活圈子形成一个温暖的圆，而我们在其中享受着人世间一切凡俗的幸福。

有人说，人生应该经历两件事：一场说走就走的旅行和一次奋不顾身的爱情。我以为，旅行不必说走就走，慎重计划一番更容易得到快乐。爱情不必奋不顾身，认真衡量一番更容易获得幸福。毕竟，人生有那么多甜蜜的负担和幸福的牵绊。

# 想多了，反而
# 会阻碍你的行动

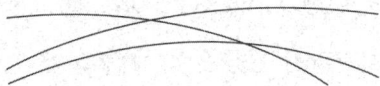

我曾目睹一位朋友在当当网上购书，买 5 本还是买 6 本久久无法拿定主意（我保证不是经济困窘）。她头头是道地分析了每本书的优劣，细化到"如果我买了这本，好处是什么，遗憾是什么"，等到全部讲完之后，手一摊，撇着嘴问我："我到底买不买了？"

有时我更欣赏做事一根筋的人。每天拿出五成的时间思考就够了，剩下的还要留给行动。这样的人不会因为聪明而损失惨重。

其实就我的观察来讲，压根不动脑就扑上去三下五除二的人非常少，反倒是在脑子里滚来滚去一百遍，分析各种利弊可能，恨不得纠结到临行前一秒，盼望着一个神明出来说一句"就这么做吧，我拿生命给你保证没问题"，然后才肯下手的人，比比皆是。

可是，活了这么多年，还没发现"人生压根没有任何保证"这回事吗？

"三思而后行"，到底要思多久？

坦诚地讲，我们从小被教导要做计划、要走一步看三步的思维模式，真的是一把双刃剑。被灌输的"凡事要三思而后行""谨言慎行", 其中的 "度" 其实难以把握。

于是, 在每个人长大的过程中就碰上了这一段 "成长剧痛期", 我们难以把握所学信条之中的分寸, 于是所学所想与现实激烈碰撞带来了方方面面的疼痛。当迷茫的现状撞上野心勃勃的欲望, 疼痛自然更加难忍。

我们很无助地发现, 考试的时候, 只要把公式都记住了, 难题都搞清了, 就能考个差不多的分数; 只要你用功, 就能考上好大学, 就有一个好前途。

可是, 当真正走入社会之后, 我们面前所有的洗脑者, 同时也是保证者, 全都不见了。就连一向苛刻的父母, 也柔软下来。没有了高考这么凛冽的人生目标, 我们仿佛只要有一份工作、能生存下去, 就不错。

这时, 不满现状、性格里愿闯爱拼的人, 就不免开始混沌, 我的下一个目标在哪里? 我努力就会有结果吗? 几条看似差不多的路我都想尝试, 但只能走一条, 谁能保证我不会后悔?

于是就有了无休止的绞尽脑汁和挠破头皮的利弊分析, 长此以往, 我怀疑人的思维定式和行为记忆会控制你, 在做大事小事之前, 都要经历泥泞挣扎的 "思前想后" 和自我折磨。

以前我大多的不爽和恐惧, 都来源于对选择之后未知结局的担忧, 我永远像一个悔 "棋" 不倦、在麻将桌上被人讨厌的弹簧手，恨不得来来回回地悔改。我总是希望自己做出最正确的选择，绝对不能有误，这远远超出了完美主义的范畴。

这不仅让我身边的人压力极大，还更多地折磨了自己。可惜很多年后，我发现如果有对错之论的话，我该选错的地方还是选错了，遗憾的地方也能写满一张纸，我并没有因为自己慎之又慎的神经质，而达到事事完美的皆大欢喜。

反倒是，很多本来说不定可以发出芽的种子，被我在思考之后摒弃了。由于不确定，所以也没播种。

当我在家里待了十天也没能想清楚，应该先去哪个公司实习、尝试的时候，我灰头土脸迷茫得想跳楼。但当我最终随便选了一家，跑去上班的第三天，就碰巧遇到了一个懂行的同事，他跟我聊了一中午之后，就否定了我的另外几个选择——比我苦思冥想十天的结果轻松多了。

有时，你并不知道自己的哪一份积累，会在哪一个机会上为你争取承载命运的优势；你也根本不知道，在你广撒网的时候，会捞上来哪一种鱼。也许当你真的来到海边，看到一群一群捞鱼的人，然后突然顿悟，不想捞鱼了呢。

况且，想要真正地解决问题，你得让问题先真实地暴露出来，而不是永远停留在设想中。

是的，有些事需要先开枪，再瞄准。

# 最美的风景
## 往往在迷路中

最美的风景往往是在迷路中遇到的。

过去，我上班习惯走那条大路，直且近，大部分人都习惯走这条路，由于车辆众多，人拥车堵的事情时有发生。这时候，我在直路上也要曲里拐弯地走，耗时费力，甚至停下来苦等，捷径就变成了远路。

后来，我无意间发现了另一条路，非直非近，要比前一条大路远500米，稍有坡度和坎坷，也不够宽阔，喜欢走的人不多，在闹市中显得较寂静。我尝试着走了几次，不用避人躲车，可以心无旁骛地一口气走过。看看时间，竟比原先走大路的时间少了10分钟左右。

我不由感慨，有时候弯路竟比捷径好走。

考最好的大学，深造几年，然后进最好的公司工作，实现自己的雄心壮志，去过高品质的生活。这是大多数年轻人心目中的捷径，或者说是最可靠的人生规划。但是有的人会选择打破这种规则，偏偏走另一条弯路。著名门户网站"泡泡网"的GEO李想在高考的关键时期却选择了退出，坚持养大自己好不容易创办起来的网站。他觉得摆在自己面前的机遇稍纵即逝，办网站比考大学更重要，当然这条弯路没有几个同龄人在走，其中的困难和风险很大，但是他有信心、有能力办成它，永不言弃，最终达到成功的顶峰。而同时，许多同龄人在考大学的"独木桥"上被挤下、被淘汰，至今平庸无为。

曾任美联储主席的格林斯潘24岁时，还没有从纽约大学毕业，为挣学费在一家投资机构做兼职调查员。他竟然在美国政府封锁消息、层层保密之下，从军队的营数算出战斗机的架数，再算出耗损量，又预测出朝鲜战争期间每种型号战斗机的需求量，随后找来飞机制造厂的技术报告和工程手册，弄清楚制造战斗机所需铝、铜和钢材等原材料的数量，终于算出了美国政府对原材料的需求量。他的报告使投资家们较准确地预测了美国政府对原材料的需求量对股市的影响，给他们带来了丰厚的回报。格林斯潘也因此受人瞩目，为以后人生的辉煌打下了坚实的基础。

不从众，不随大流，不扎堆，不人云亦云，那就只能选择走大家都不喜欢、都不习惯的弯路、窄路、坡路、坎坷路。"无限风光在险峰"，险峰下的路自然不是我们平常所理解的捷径。

一般人摄影习惯从人物正面照，这是照片刊发的常态和捷径，但有记者却从人物的背面照，照出了人物不为人知的一面，终于在无数普通的照片里脱颖而出，一举成名，虽然"弯"到了所有人的后边，但他走了一条最近最快的路。生活中有无数弯路，无数捷径，如何选择，如何转变，在于我们有没有将路看准的眼光，准备走"弯路"的决心，以及将"弯路"变"捷径"的独特思维能力。

看上去很弯的路，以百倍的勇气和过人的智慧走过去，却让人最快达到成功的顶点。

我有一个喜欢旅游的朋友。他从不跟着旅游团走，那是种被迫的走，让人心里很不舒服。他喜欢自由自在，在哪个风景前多流连一会儿，自己说了算。尤其是，他喜欢迷路和弯路的感觉。他说，他常常不按照导游推荐的线路走，常常偏离主路，所以时常会迷路。他认为，最美的风景往往是在迷路中遇到的。有一次他去荷兰，没有按常规推荐路线沿海岸线走，而是纵穿了特塞尔岛屿。结果他看见了大片大片的郁金香花田，农户家农场里的像小棉团一样的羊群。回来的时候。走错了路，竟然又误打误撞闯进了小岛上最茂密翠绿的树林，这些都令他欣喜异常。计划好的快乐，和误打误撞的惊喜，完全不是一个级别的乐趣。

人生的路上，偶尔走弯路，也好。因为迷路、弯路，才能领略平时看不到的风景。"你不会找到路，除非你敢于迷路。"所以，不妨给你的人生增加一些惊喜的"迷途"吧。

# 滴水的
# 力量

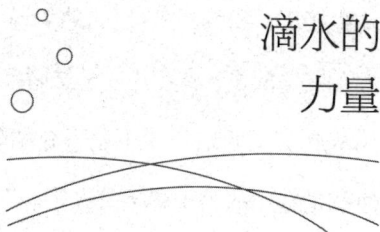

美国的一位生物学家曾经拍到一组精彩镜头——有一种麻雀大小的鸟儿扑扇着翅膀，刚刚落在沙地上准备觅食时，潜伏在沙地里的蛇猛地窜了出来。鸟儿便用自己的爪子，一下又一下地拍击着蛇的头部。由于力量有限，蛇依然攻击不止。鸟儿一边躲闪着蛇信，一边用爪子继续拍击着蛇的头部，其落点分毫不差。在鸟儿拍击了 1000 多次之后，蛇终于无力地瘫软在沙地上，再也动不起来了。鸟的力量的大小显而易见，生物学家唯一的解释就是，这种鸟儿经过长期的经验积累后，终于掌握了一套对付蛇的办法，那就是瞄准蛇头的一个点，长时间专注地去拍打。

日本一家著名餐厅创立于江户时期，距今已有 260 年。餐厅从来没有做过广告，在当今信息如此发达的时代也没有订餐电话。无论什么样的顾客，都要接受近乎一成不变的传统服务模式。

问餐厅老板："你念过大学吗？"他回答说："在京都大学学法律，以前做过律师。"

"为什么要放弃律师职业回到餐厅呢？""我爸爸身体不好

要我接班，我就回来了。"餐厅老板继续讲道，"我有两个女儿，大女儿是演员，小女儿还没结婚，但有一个没过门的女婿。"随后，他从厨房里叫来一个小伙子介绍说，"这就是我没过门的女婿，他就是餐厅的第十代接班人了。"

"这么好的餐厅，为什么不多开几家，像麦当劳、肯德基那样，不断做大？"餐厅老板回答说："我的梦想很简单，就是要做全日本最好的日本料理。"

专注一点，不及其他，我们的古人早就认识到了这一点。孔子带着学生去楚国，途经一片树林，看到一个驼背老头儿拿着竹竿粘知了，好像是从地下拾东西一样，一粘一个准儿。孔子问道："您这么灵巧，一定有什么妙招吧？"驼背老头儿说："我是有方法的。我用了五个月的时间练习捕蝉技术，如果在竹竿顶上放两个弹丸掉不下来，那么，去粘知了时，它逃脱的可能性是很小的；如果竹竿顶上放三个弹丸掉不下来，知了逃脱的机会只有十分之一；如果一连放下五个弹丸掉不下来，粘知了就像拾取地上的东西一样容易了。我站在这里，有力而稳当，虽然天地广阔，万物复杂，但我看的、想的只有'知了的翅膀'。如果因万物的变化而分散精力，那又怎能捕到知了呢？"

在当今社会想要取得一点成绩，也许并没有想象中那么难。因为绝大多数的人都浮躁、懒惰、拖延、没有方向、好逸恶劳，只要我比他们稍微专注一点、努力一点、用心一点、多学一点、多做一点，就已经走到很多人前面了。

如果在各自的工作岗位上，聚焦聚焦再聚焦，专注专注再专注，以"长风破浪会有时"的豪迈，"咬定青山不放松"的韧劲，"将军赶路不追兔"的专注，把全部的心力都投入到一项事业中，一心一意干工作，全力以赴钻业务，心无旁骛创佳绩，那么，人生何愁不精彩辉煌？

让沸腾的心静下来吧，专心于自己当下的选择。滴水穿石的故事，相信大家都知道，至柔的水，却穿透了石头，这就是专注的力量。